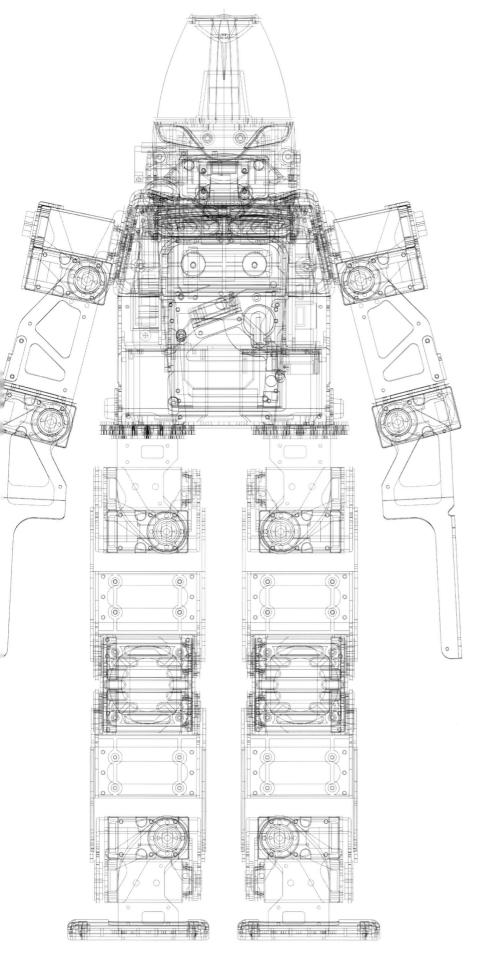

はじめての
ロボット工学

第**2**版

製作を通じて学ぶ
基礎と応用

石黒 浩
浅田 稔
大和 信夫
[共著]

Ohmsha

本書に掲載されている会社名・製品名は，一般に各社の登録商標または商標です．

本書を発行するにあたって，内容に誤りのないようできる限りの注意を払いましたが，本書の内容を適用した結果生じたこと，また，適用できなかった結果について，著者，出版社とも一切の責任を負いませんのでご了承ください．

本書は，「著作権法」によって，著作権等の権利が保護されている著作物です．本書の複製権・翻訳権・上映権・譲渡権・公衆送信権（送信可能化権を含む）は著作権者が保有しています．本書の全部または一部につき，無断で転載，複写複製，電子的装置への入力等をされると，著作権等の権利侵害となる場合があります．また，代行業者等の第三者によるスキャンやデジタル化は，たとえ個人や家庭内での利用であっても著作権法上認められておりませんので，ご注意ください．

本書の無断複写は，著作権法上の制限事項を除き，禁じられています．本書の複写複製を希望される場合は，そのつど事前に下記へ連絡して許諾を得てください．

出版者著作権管理機構
（電話 03-5244-5088，FAX 03-5244-5089，e-mail: info@jcopy.or.jp）

JCOPY ＜出版者著作権管理機構 委託出版物＞

第2版はしがき

本書は，2007年に発行した『はじめてのロボット工学　制作を通じて学ぶ基礎と応用』の改訂版として執筆されました．

初版発行から2019年までの12年間における世の中の変化は，かつてないほど大きく，早いものでした．とくに，コンピュータネットワークやデバイスの発達はいよいよ著しく，世の中の変化や発展は，今後いっそう加速していくものと考えられます．

ロボットの開発においては，本書でも触れている深層学習などの技術によって，知能部分の発展がめざましいものになっています．人工知能技術をはじめとした新しい情報処理技術は，これまでのロボットでは実現できなかった高度な画像処理や音声処理を可能とし，人間の社会に必要不可欠な存在になりつつあります．また，インターネットをはじめとしたネットワークの技術向上もあり，ロボット単体での解決が難しいため，かつては困難であった問題を，複数のロボットや機器を協調させることで，効率よく片付けることができるようになってきました．

第2版では，上記のような著しく変化した分野への言及を追加するとともに，学習に使用するロボットも新しいものに変更しました．

2足歩行ロボットの構成や機構の具体例については，ロボカップ世界大会のヒューマノイドリーグで優勝を果たした「VisiON 4G」を用いて解説しています．実際のロボット製作実習においては，比較的かんたんに2足歩行ロボットを作ることができる入門キット「Robovie-i Ver.2」を題材としています．また，パーツの作成はアルミ加工だけでなく，近年普及している3Dプリンタによる方法も解説しています．専用のWebサイトにて，3Dプリンタ用の造形データをダウンロードできるので，ロボットの製作実習を迅速に進めることができます．

本書では，最新の情報処理技術やネットワーク技術に関する言及のほか，実際のロボットを用いた実習，ロボットの基礎となる電気，物理的な知識に至るまで，ロボットについて網羅的に理解できるよう配慮しています．すぐれたロボットを実現するためには，ハードウェアとソフトウェアがうまく連携されていることが不可欠で，ロボットを正しく理解するためにも，さまざまな分野の知識や経験を，幅広くもつことが必要です．すなわち，ロボットを学ぶことは，多くの知識や専門分野への絶好の入り口であるといえます．

本書をきっかけに，さまざまな学習を進めていくことができるでしょう．みなさんの学習に役立つことを願っています．

2019年2月

著者らしるす

本書で使用するモーション作成ソフト（RobovieMaker2）や，3Dプリンタ用の造形データは，ヴイストン株式会社の以下のWebページからダウンロードできます．

https://www.vstone.co.jp/products/robovie_i2/download.html

初版はしがき

　ご存じのように，日本は，ロボット王国といわれるくらい，世界中で最も多くのロボットを生産し，稼動させています．これらの多くは，産業用ロボットと呼ばれる，工場の中での自動化や省力化をめざしたものです．ところが，皆さんの目に触れるのは，動物や人間の形をしたロボットで，これらは工場からわれわれの日常生活に入ってきて，さまざまな仕事をしたり，われわれを助けてくれることが期待されています．工場ではたらくロボットも，われわれの日常生活に入ってくるロボットも，ロボットには変わりなく，ロボットテクノロジーと呼ばれるいろいろな技術を共有しています．

　では，実際のロボットは何からできており，どのようなしくみで動作するのでしょうか？これらの疑問に対する答えは，普段，皆さんが学校などで勉強している，もしくはしてきた教科とどのように関係しているのでしょうか？　本書は，このような疑問に応えるロボットの入門書です．

　われわれ人間と同じように，ロボットは感じて，判断して，行動します．そのためには，まず，数学や理科，そしてコンピュータの知識が必要になります．また，将来的には国語や社会の科目とも関係し，ロボットは，さまざまな科目の知識を総合的に利用する新しい学問分野です．ですから，ロボットを通じて学ぶことで，いままで科目ごとにばらばらだった知識が，統合された形で生きてきます．

　そこで本書では，必要に応じて，随所に既存の科目との関係を示し，皆さんが普段学んでいる科目が，どのようにロボット開発に役立つか実感できるように工夫しています．さらに，実際に市販されているロボットを例にして，自習ができるように，それらのロボットの使い方なども最後に解説しています．

　本書の特徴は，以下の三つにまとめられます．

1．ロボットの歴史からしくみまで順番に学習できる．
2．既存の教科とロボットの技術の関係が学習できる．
3．RobovieMaker と Robovie-i の説明を読むことで，ロボットを使った自習ができる．

　この本を読むことで，ロボットについて正しい知識を得るとともに，そのおもしろさを発見してもらいたいと思っています．そして，世界をリードしている日本のロボット技術の将来を担う人材へと，成長してもらえればと願っています．

2006 年 12 月

ロボット実技学習企画委員会

✦ 本書について

✦ 本書の特徴

　本書は，ロボットに関する事前知識のないかたでも，ロボットに関する基本的知識を獲得し，自分でロボットを作成できるようになることを目的として執筆しています．ロボティクスに関連するさまざまな分野の基本を理解したのち，2足歩行ロボットの製作実習を通じてロボティクスの全体像を理解する，という流れです．授業や講義で実際に使用していただける構成になっています．

　さて，ロボティクスは幅広い知識と技術が要求される分野です．本書の内容も多岐にわたりますが，初学者が取り組みやすいように，個々の知識や技術に対する詳細な説明を省いている箇所があります（逆運動学やプログラム言語など）．それぞれの技術に興味をもったかたは，専門書を参照してください．もちろん，専門書を参照しなくても，本書を通読することは可能です．

✦ 必要な前提知識

　本書を読むために必要な前提知識は，中学校の数学・理科程度です．高等学校の生徒であれば，問題なく読了できるでしょう．また，各 Chapter のはじめに，当該 Chapter で説明する内容と対応する高等学校の教科書を紹介しているので，予習や復習に役立ててください．

✦ 読者対象

　本書は，おもに以下の学校に通う生徒および学生向けに執筆されています．

- 高等学校（とくに工業高等学校）
- 専門学校
- 高等専門学校
- 理工系の大学

　また，ロボットに興味のある一般のかたにも，入門書として読んでいただけます．ただし，「Chapter.10 ロボット製作実習」における板金加工など，個人では実行が難しいところがあります．その場合，同 Chapter で紹介している 3D プリンタで代用するなど，工夫してみてください．

　なお，Appendix として，高等学校で実際にロボットの製作実習を行った際のレポートを掲載しています．授業における注意点や課題，生徒や指導教諭の感想などが記されているため，本書を授業や講義で使用する教員のかたは Appendix をご一読ください．高等学校の教員を目指すかたにも有用でしょう．

✦ 第 2 版における改訂の内容

本書は，2007 年に発行された『はじめてのロボット工学　制作を通じて学ぶ基礎と応用』の第 2 版です．初版から 10 年以上が経過し，CPU などの性能向上や AI 処理などの新しい技術の発展を受けて，改訂を行いました．基本的な構成は初版のままに，製品スペックなどの情報を最新のものに差し替え，また，実習で使用する部品も 2018 年現在容易に入手できるものに変更し，板金だけでなく 3D プリンタによる制作方法も追加しました．さらに，深層学習などにより飛躍的に進歩した分野について，「ネットワークによる連携と発展」という Chapter を新設しています．

また，後述するように，初版はおもに高等学校向けの書籍として作成されましたが，第 2 版はその他の教育機関での使用も視野に入れました．そのため第 2 版は，高等学校以外でも使用しやすいように，表現と構成の一部変更を行っています．

✦ 初版について

2007 年に発行された初版は，石黒 浩・浅田 稔・大和 信夫 共著，ロボット実技学習企画委員会監修で制作されました．ロボット実技学習企画委員会は，（独）科学技術振興機構の平成 17 年度地域科学館連携支援事業「ヒューマノイド（人型）ロボットを動かす科学技術の実技学習」（工業高校と科学館が連係して行うロボット学習）を実施するために組織した実行委員会を母体に，（工業）高校生を対象としたロボット入門書の出版を目指した，大学・工業高校教諭・ロボットベンチャーなどで構成する委員会です．

ロボット実技学習企画委員会　委員

浅田　　稔（大阪大学大学院工学研究科知能・創成工学専攻教授）
石黒　　浩（大阪大学大学院工学研究科知能・創成工学専攻教授）
大和　信夫（ヴイストン株式会社代表取締役）
戸谷　裕明（大阪府立淀川工科高等学校電子機械科教諭）
岡野　一也（大阪府立城東工科高等学校機械科教諭）
吉野　　卓（大阪府立藤井寺工科高等学校メカトロニクス系教諭）
高田　好男（大阪市立都島工業高等学校機械電気科科長教諭）
谷口　邦彦（文部科学省産学官連携コーディネーター）
亀田　諒二（株式会社ベンチャーラボ関西支社アソシエイツ）
駒田伊知朗（財団法人大阪科学技術センター普及事業部副部長）

事務局

財団法人大阪科学技術センター

（所属・肩書は初版執筆当時のものです）

✦ 目　次

Chapter 1　はじめに　　001

1.1　ロボットとは？ …………………………………………………… 002
1.2　ロボットの三つの構成要素 ……………………………………… 003
　❶　知覚・認識系 ………………………………………………… 004
　❷　判断・立案系 ………………………………………………… 005
　❸　機構・制御系 ………………………………………………… 007

Chapter 2　ロボットの歴史　　009

2.1　古代のロボットから現在のロボットに至るまで …………… 010
　❶　自動人形 ……………………………………………………… 012
　❷　19世紀の芸術と技術 ………………………………………… 013
　❸　日本のあやつり・からくり人形 …………………………… 013
　❹　20世紀のSFに登場するロボット …………………………… 014
　❺　現代のロボット ……………………………………………… 015
2.2　産業用ロボット …………………………………………………… 016
　❶　マニピュレータと産業用ロボット ………………………… 016
　❷　産業用ロボットに関する標準化 …………………………… 017
2.3　知能ロボット ……………………………………………………… 017

Chapter 3　ロボットのしくみ　　019

3.1　人間型ロボットの構成 …………………………………………………… 020
- ❶　行動のための運動機能 ……………………………………………… 021
- ❷　環境認識のためのセンサ …………………………………………… 023
- ❸　認識から運動へ ……………………………………………………… 024

3.2　人間に近づくロボット ………………………………………………… 029
- ❶　人間に近い情報処理の流れ ………………………………………… 029
- ❷　人間に近づくセンサ ………………………………………………… 030
- ❸　人間に近づく腕 ……………………………………………………… 032

Chapter 4　モータ　　035

4.1　モータの基礎 …………………………………………………………… 036
- ❶　磁石と磁界 …………………………………………………………… 036
- ❷　電流による磁界 ……………………………………………………… 036
- ❸　磁界内の電流 ………………………………………………………… 037
- ✦　高校教科書で学ぶロボット①　モータの基礎 ……………………… 038

4.2　さまざまなモータ ……………………………………………………… 039
- ❶　直流モータ …………………………………………………………… 039
- ❷　ステッピングモータ ………………………………………………… 041
- ❸　交流モータ …………………………………………………………… 042
- ✦　高校教科書で学ぶロボット②　さまざまなモータ ………………… 044

4.3　サーボシステム ………………………………………………………… 045
- ❶　サーボシステムの基本構成 ………………………………………… 045
- ❷　R/Cサーボモータ …………………………………………………… 046
- ✦　高校教科書で学ぶロボット③　サーボシステム …………………… 047

4.4　運動と力 ………………………………………………………………… 048
- ❶　回転運動と往復運動 ………………………………………………… 048
- ❷　力，トルク，出力 …………………………………………………… 049
- ❸　リンク機構 …………………………………………………………… 049
- ✦　高校教科書で学ぶロボット④　運動と力 …………………………… 050

4.5　その他のアクチュエータ ……………………………………………… 051
- ❶　直動アクチュエータ ………………………………………………… 051
- ❷　振動アクチュエータ ………………………………………………… 052
- ✦　高校教科書で学ぶロボット⑤　その他のアクチュエータ ………… 052

Chapter 5　センサ　055

- 5.1　センサの概要 ……………………………………………………………… 056
- 5.2　外界センサ ………………………………………………………………… 057
  - ❶　CCD カメラ（視覚センサ，全方位センサ）………………………… 057
  - ❷　マイクロフォン（聴覚センサ）……………………………………… 059
  - ❸　タッチセンサ（触覚センサ）………………………………………… 059
  - ❹　超音波センサ（距離センサ）………………………………………… 060
- 5.3　内界センサ ………………………………………………………………… 061
  - ❶　ポテンショメータ（接触式角度センサ）…………………………… 061
  - ❷　光学式ロータリエンコーダ（非接触式角度センサ）……………… 062
  - ❸　タコメータ（角速度センサ）………………………………………… 063
  - ❹　ジャイロセンサ（方位角センサ）…………………………………… 063
  - ✦　高校教科書で学ぶロボット⑥ センサ ……………………………… 065

Chapter 6　機構と運動　069

- 6.1　ロボットを動作させるための関節機構 ………………………………… 070
  - ❶　直交座標ロボット ……………………………………………………… 071
  - ❷　円筒座標ロボット ……………………………………………………… 071
  - ❸　極座標ロボット ………………………………………………………… 071
  - ❹　多関節ロボット ………………………………………………………… 073
  - ✦　高校教科書で学ぶロボット⑦ ロボットの構成と機構 …………… 074
- 6.2　動作の生成 ………………………………………………………………… 075
- 6.3　移動機構 …………………………………………………………………… 077
  - ❶　車輪移動の基本構造 …………………………………………………… 077
  - ❷　ロボット用移動機構 …………………………………………………… 078
  - ❸　脚による移動機構 ……………………………………………………… 079

Chapter 7　情報処理　　081

7.1　コンピュータの基本構成　082
- ❶　コンピュータ処理の流れ　082
- ❷　コンピュータの基本構成　082
- ✦　高校教科書で学ぶロボット⑧　コンピュータの構成　083

7.2　コンピュータの基本動作　084
- ❶　命令実行の流れ　084
- ❷　コンピュータの限界　085

7.3　CPU　086
- ❶　CPUの発達　086
- ❷　コンピュータの選びかた　088
- ✦　高校教科書で学ぶロボット⑨　CPUの構成と発展　089

7.4　プログラム開発　090
- ✦　高校教科書で学ぶロボット⑩　プログラム言語とアルゴリズム　091

7.5　コンピュータによる制御　093
- ❶　制御システムの構成　093
- ❷　モータの制御のプログラミング　094
- ✦　高校教科書で学ぶロボット⑪　制御の基本　098

7.6　人間型ロボットのプログラミング　099

Chapter 8　行動の計画と実行　　103

8.1　古典的アーキテクチャ　104
8.2　反射行動に基づくアーキテクチャ　105
8.3　反射行動に基づくアーキテクチャの具体例　106
8.4　計画行動　108
- ❶　計測や移動の誤差　110
- ❷　観測時間　110
- ❸　人間による誘導　111

Chapter 9　ネットワークによる連携と発展　　113

9.1　ネットワーク技術の発展　114
- ❶　コンピュータ通信発展の歴史的経緯　114
- ❷　有線ネットワークと無線ネットワーク　114

9.2　ロボットへのネットワークの搭載 ………………………………………… 115
9.3　クラウドサーバと連携したロボット ………………………………………… 116
9.4　ネットワークでつながった世界「IoT」 ……………………………………… 117

Chapter 10　ロボット製作実習　　119

10.1　ロボットを動かすためのソフトウェア RobovieMaker2 ……………… 120
　　① 動作環境 ……………………………………………………………………… 120
　　② RobovieMaker2 のインストール ………………………………………… 120
　　③ PC への CPU ボードの接続 ……………………………………………… 122
　　④ ロボットプロジェクトの作成 ……………………………………………… 122
　　⑤ 基本操作 ……………………………………………………………………… 126
　　⑥ CPU ボードとサーボモータ 1 個を接続して動かす …………………… 128
10.2　モーション作成実習 ………………………………………………………… 134
　　① サーボモータの位置補正について ……………………………………… 134
　　② 基準ポーズについて ……………………………………………………… 134
　　③ サーボモータの位置補正を行う ………………………………………… 135
　　✦ Column　モータロックについて ………………………………………… 141
　　④ 歩行モーションの作成 …………………………………………………… 141
　　⑤ 歩行モーションにおけるポーズの実行順序 …………………………… 145
10.3　アルミ加工 …………………………………………………………………… 146
　　① 材　料 ………………………………………………………………………… 146
　　② 工　具 ………………………………………………………………………… 146
　　③ アルミ板金の作業工程 …………………………………………………… 147
　　④ 各板金の寸法データ ……………………………………………………… 154
10.4　ロボットの組立て（アルミ加工版） ………………………………………… 160
　　① 必要な部品 ………………………………………………………………… 160
　　② ロボットの組立て ………………………………………………………… 162
10.5　3D プリンタ …………………………………………………………………… 168
　　① 材　料 ………………………………………………………………………… 168
　　② 工　具 ………………………………………………………………………… 168
　　③ 3D プリンタでの作業工程 ………………………………………………… 169
10.6　ロボットの組立て（3D プリンタ版） ………………………………………… 169
　　① 必要な部品 ………………………………………………………………… 169
　　② ロボットの組立て ………………………………………………………… 170

Chapter 11　おわりに　175

　11.1　結局，ロボットってなに？ 176
　11.2　ロボットへの期待 176
　11.3　現在のロボット 177
　11.4　家庭用ロボット 178
　11.5　ロボットが必要な未来の世界 180

Appendix　高校の授業でロボットを作る　183

　A.1　ロボット産業を支える技能人材の育成 184
　A.2　工業高校におけるロボット学習の概要 184
　A.3　2足歩行の克服 185
　A.4　足の改良 185
　A.5　成果発表会（デモンストレーション） 186
　A.6　成果発表会（ロボット操作体験の指導） 187
　A.7　ロボット学習の評価 188
　A.8　用語の理解について 189
　A.9　総　括 190

参考文献 193
索　引 194
著者略歴 199

Chapter 1
はじめに

1.1 ロボットとは？
1.2 ロボットの三つの構成要素

おもな内容
・ロボットと呼ばれる機械装置にはどのようなものがあるか？
・ヒューマノイドのコミュニケーション機能の重要性
・ロボットの「知覚・認識」「判断・立案」「機構・制御」という三つの機能における，センサや構成部品，およびはたらきを制御するための理論

1.1 ロボットとは？

ロボティクスという言葉がありますが，この言葉はすべての種類のロボットに関連する科学や技術についての学問分野を表すものであり，もちろんロボット自体もそのなかに含まれます．すなわち，ロボティクスとは**ロボット工学**とも訳され，ロボットを研究する学問という意味です．では，いわゆるロボットとはどんなものでしょうか．

実は，厳密にはロボットの定義はありません．しかし，多くの人間は，ロボットという言葉から，プログラム可能な機械や，行動や外観を人間や動物に近似させた機械を思い浮かべるでしょう．**図1.1**は，そのようなロボットの代表例である，ソフトバンクロボティクスの人型ロボットの**Pepper**と，ソニーの犬型ロボットの**aibo**です．

また，ロボットといえば，このように人間や動物に似せたものを連想しがちですが，近年は，部屋や建物，街そのものがいろいろな情報を提供したり，会話を行ったり，知的な面で人間の活動を助ける，環境としてのロボットも注目を浴び始めています．たとえば，エスカレータや駅の自動改札機などは，そのような「環境としてのロボット」と考えることができます．これらは，**環境一体型ロボット**や**ユビキタスロボット**などと呼ばれています．

ロボットは，ほかの単一機能の機械・装置などと比較すると，多様な作業（タスク）をこなす汎用性が期待されていて，とりわけ人間とコミュニケーションを行うことが重要な役割であると考え

(a) 人型ロボットの「Pepper（ペッパー）」（ソフトバンクロボティクス）

(b) エンタテインメントロボット「aibo（アイボ）ERS-1000」（ソニー）

図1.1　代表的なロボットの例

られています．その典型的な例が，ロボットの最終目標と目されている人間型知能ロボット，いわゆる**ヒューマノイド**でしょう．とくに日本では，アトムやドラえもんに代表されるパートナーロボットへの愛着や人気が根強いことから，多くのロボット研究者が，人との共生・協働を目指してヒューマノイドの研究に挑戦しています．

しかし，ロボットの定義が明確でないように，ヒューマノイドも明確に定義されているわけではありません．生物学的にほかの種の生物と比較したとき，人間がもつ3大特徴として，2足歩行，道具の使用，そして言語の使用があげられます．最初の二つである2足歩行と道具の使用（道具を手に持って使うこと）は，ロボティクスの分野で中心課題として従来から扱われてきました．3番目の言語については，ロボット技術からかけ離れているように見えるため，言語学の分野とみなされ，これまでロボティクスの分野であまり扱われてきませんでした．しかし，近年ロボットに人間とコミュニケーションを行うことが求められるような状況になり，次第に研究が行われるようになってきました．

実は，この3番目の特徴である言語の使用は，体をもつロボットと深く関係があります．われわれは言葉を用いなくても，身振り手振りでさまざまなことを相手に伝えることができますが，このような身振り手振りは言葉と密接な関係があります．身振り手振りは，言葉を覚えるためにも，また言葉を覚えたうえで，それを効果的に伝えるためにも重要です．すなわち，言語を使用するロボットには，体がとても重要なのです．最近のロボット研究では，とくにこの問題に多くの関心が寄せられています．アトムやドラえもんのように，人間と会話しさまざまに関わるロボットを実現するには，この言語使用の能力がいかに大切か，容易に想像できることと思います．

1.2 ロボットの三つの構成要素

ロボットが自分で考えて行動する機能を実現するために必要な構成要素は，**知覚・認識系**，**判断・立案系**，**機構・制御系**の三つに分類できます（**図 1.2**）．これらの要素は，互いに密接に関係してロボットの全体的な動きを制御します．かんたんにこれらの要素のはたらきを説明しましょう．

図1.2　ロボットの三つの構成要素

1 知覚・認識系

　ロボットが自律的にさまざまな作業を行うには，ロボット自身が周囲の状況を知り，自分がどんな状態にあるのかを知る必要があります．そのためにはロボットに知覚をもたせる必要がありますが，ロボットの知覚器官として，さまざまな**センサ**が使われています．現在も，ロボット以外に利用されるものも含めて，さまざまなセンサが開発されていますが，現状の技術開発レベルとセンサの使いかたに制約があることから，人間の知覚とまったく同じ性能のセンサはまだ実現されていません．

　ロボットの設計の立場からこれらのセンサを分類すると，次のようになります（**図 1.3**）．

① **内界センサ**：ロボットが自分の内部の状態を知るためのセンサ．バッテリーの残りの量を調べる電圧計，関節の角度などを計測する機器などがあげられます．

② **外界センサ**：ロボットを取り巻く環境を知覚するためのセンサ．目の前に障害物がないかどうかを調べるカメラなどがあげられます．

③ **相互作用センサ**：人間との直接的な関わりを調べるセンサ．ロボットが人間と一緒に物を運ぶなどの作業をしているとき，相手の力が物を介して自分にどのようにはたらいているかを調べる，腕や関節に取り付けられたトルクセンサなどがあげられます．

　これらのセンサについて，もう少し説明しておきましょう．われわれ人間は，自分が今「機嫌が悪い」，「疲れている」といったことを感じることができますが，ロボットも同様に自分の状態を知る必要があります．そのような状態を知るセンサが内界センサです．さらには，自分の腕がどのような位置にあるかといったことも，関節にある角度センサと呼ばれる内界センサで知ることができます．

　また，人間は，自分の周りの環境がどうなっているかということの多くを，目を使って見ることで知ることができます．このように，自分の体の状態ではなく，自分を取り巻く環境と自分の関係

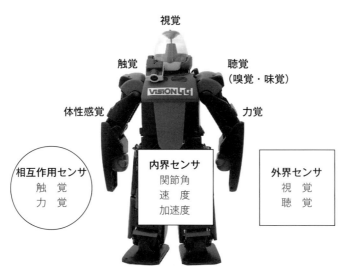

図 1.3　知覚を構成する内界，外界，相互作用センサ

を調べる，生物でいう目などの器官と似たはたらきをするセンサが外界センサです．たとえばコウモリは超音波によって，自分の周りがどうなっているかを調べますが，その超音波を利用した器官も外界センサであるといえます．実際のロボットにも，超音波によって自分の周りにある障害物を検出するセンサがよく用いられます．

　内界センサを用いれば，ロボットは腕や手を正確に動かすことができて，なんでもできそうに思えます．しかし，内界センサで知ることができる腕や手の位置情報だけでは，できないこともたくさんあります．たとえば，卵を掴むという動作の場合，手に力を入れすぎると，卵を割ってしまうことになります．指が卵の殻をどれくらいの力で押しているかを調べながら，適度に指の力を加減する必要があるのです．この指に掛かる力を検知し，力を加減するための情報を得るようなセンサを，相互作用センサと呼びます．ロボットの指の場合は，圧力センサと呼ばれるセンサが多く用いられます．

2 判断・立案系

　図1.2からもわかるように，判断・立案系は知覚・認識系と機構・制御系の間にある構成要素です．ロボットに作業を行わせる場合には，動作の具体的な指令をプログラムの形で与えなければなりません．しかし，このプログラミングはプログラマにとって相当な負担になります．もし，ロボットが自分で作業の手順を考えること（**プランニング**）ができれば，そのぶんプログラマの手間が省けることになります．

　プランニング機能をもったロボットに行わせる作業の例として，障害物のある環境で，現在の位置から，ある目的の位置に移動するような作業を考えてみましょう．まず，ロボットは外界センサからの情報に基づいて，どこに障害物があるかなどの周囲の状況を，ある種の地図上に表現します．この作業を**環境モデリング**と呼びます．外界センサからの環境の地図表現を獲得することを，「環境を幾何学的に再構成する」といいます．

　次に，ロボットは，環境モデルに従って，どのように移動すれば最も早く目的位置に到達できるかを考える必要があります．この作業をプランニングと呼びます．プランニングの結果として得られるプランに従ってロボットは移動し，目的位置に到達するわけです．このプランニングがまさに，判断・立案系の中心的な課題となります．プランニングにはさまざまな方法がありますが，その一例を，**図1.4**に示します．

　図1.4（a）は，環境のようすを示しています．灰色がロボットで，黒い部分が障害物です．ロボットは，スタート地点からゴール地点に短時間で移動しなければいけません．ロボットの動きとしては，水平移動，垂直移動，方向転換（その場での90°回転）の3種類があり，障害物を避けてゴールに到達するには，この3種類の行動をどのように計画するかが問題となります．そこで，環境の2次元表現から，行動の種類に応じた3次元表現を考えます．それが図1.4（b）です．同図（b）では，水平方向と垂直方向の動きは，2次元の水平と垂直に対応し，90°の回転は奥行き方向の軸に対応します．この格子表現では，格子のつながりがないところは，その動きでは障害物があるために移動できないことに対応します．すなわち，格子の線上だけを移動できることになっているので，線

のない部分は移動することはできません．与えられた課題から，このようなロボットの行動計画に必要な表現を考えることが重要です．この方法では，ロボットの動きが大きく制約される一方で，ロボットの動きがたった3種類しかないことから，プランニングはかんたんになります．

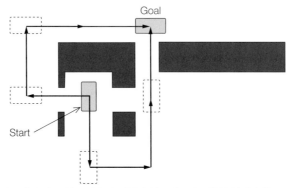

(a) センサによって調べられた環境のようす．▨ がロボット，■ が障害物．ロボットは，障害物を避けながらスタート地点からゴール地点に向かわなければならない．

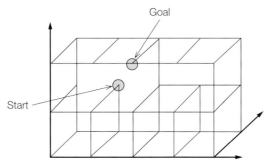

(b) 格子で表現されたロボットが移動可能な空間と経路．障害物がある場所の格子はすべて取り除かれている．ロボットは残る格子のみをたどってゴールにたどり着く経路を見つけなければならない．

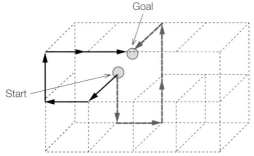

(c) プランニングによって発見された二つの経路．ロボットは，このうち一つを選んで実際にゴールにたどり着く．

図 1.4　格子で表された環境でのプランニング

プランニングの結果は環境の複雑さにもよりますが，複数得られる場合があります．図 1.4 では，スタートからゴールへ最も早く移動する方法が，同図 (c) に示されるように二つある例を示しています．複数のプランニングの結果が得られた場合は，最終的に一つに絞り込まなければなりません．

ロボットは，スタートからゴールへ早く移動できるという基準以外に，あまり方向転換をしないで一直線に移動できるなど，なんらかの基準で一つの経路を選ぶ必要があります．

このように，判断・立案系は，環境に合わせて作業のしかたを考え決定するための機能です．

3 機構・制御系

　機構・制御系はロボットの動きを司るシステムです．ロボットが作業するためには，まず手足が必要です．この手足は，おおむね人間の手足に似せてその形が作られています．人間の手足は筋肉によって動かされますが，ロボットの場合は，**アクチュエータ**と呼ばれるもので動かされます．アクチュエータとは作動装置という日本語の英語訳で，モータなど力を出すための装置を意味します．そして，このアクチュエータを動かすには，エネルギーが必要になります．機構・制御系には，このエネルギーの問題まで含まれています．

　アクチュエータは，電池などから供給されるエネルギーを，運動エネルギーに変える役割をします．これは，われわれ人間が栄養を摂取して筋肉を動かすのと同じです．このアクチュエータの代表的なものは，**電動モータ**です．ロボットの体には，この電動モータが数多く使われています．もちろん，その数は，人間の筋肉の数ほどではありません．人間の場合，体全身にあるおもな筋肉は200本程度であるとされています．これに対して，ホンダの **ASIMO** のようなヒューマノイドには，20〜40個程度の電動モータが使われています．

　ロボットの身体は，これらのアクチュエータで構成される関節と，関節を結ぶ**リンク構造**（可動部どうしを連結棒でつなぎ，動力を伝達する構造）からなります．この関節とリンク構造を複雑に組み合わせることによって，さまざまな作業ができるロボットを作ることができます（**図 1.5**）．

図 1.5　ロボットの脚と腕

人間の腕1本に相当するロボットを作ることを考えてみましょう．人間の腕全体は，指を含む手，腕の部分などからなりたっています．これらを，すべて関節やリンク構造を組み合わせて作ります．関節やリンク構造を作る際には，どれくらいの大きさの腕を作りたいのか，その腕でどのような作業をさせたいのかを考えながら，一つひとつの部品の大きさ，長さを正確に決定して作ります．

正確な設計図のもとに腕ができあがると，今度はそのできあがった腕を正確に動かす作業が必要になります．ここで難しいのは，動かせるのは関節だけであって，たくさんの関節の動きから，腕全体がどのように動くかを正確に知らなければならないことです．この関節の動きと，関節と関節を結ぶリンクの長さから，腕の正確な姿勢を求める方法を，**順運動学**と呼びます．一方，逆に先に腕の先端の位置や向きを決めて（作業において重要なのは，腕の先端，すなわち手の位置や向きであり，ふつう腕全体の姿勢を決める必要はありません），その位置や向きになるためにはどのように関節を動かせばいいかという問題を解く方法を**逆運動学**と呼びます．この逆運動学は，一般に，順運動学ほどかんたんには解けません．というのは，腕の先端の位置や向きを決めても，それを実現する関節の動きの組み合わせはいくつも考えられるからです．人間の腕の場合も同じで，腕を少しねじっても，先端の手の向きや位置を同じ状態に維持することは可能です．

しかし，姿勢の制御だけでは，柔軟に腕を動かすことはできません．たとえば，ボールを投げることを考えれば，どのような速度や加速度で腕を動かすかが問題となります．このような問題を扱うのが，**順動力学**と**逆動力学**です．順動力学・逆動力学では，実際にロボットの腕を動かした場合，ロボットの腕の質量や加減速によって，どのような力がはたらくのかを計算します．すなわち，順動力学・逆動力学は，質量，重力などを考慮した，ロボットの腕などの変位，速度，加速度の問題を扱うのです．順動力学では，ロボットの腕の各関節の駆動力と関節変位を与え，各リンクの変位，速度，加速度を求めていきます．逆に，各リンクの変位，速度，加速度を与え，各関節の駆動力を求めるのが逆動力学です．順運動学・逆運動学だけでなく，順動力学・逆動力学の問題も解くことで，ロボットを自由に操ることができるようになるのです．もちろん，ロボットを動かす目的やロボットのしくみなどによっては，順運動学・逆運動学を解くだけで，十分にロボットを動かすことができる場合もたくさんあります．

ロボットはこの機構・制御系と，すでに説明した二つの構成要素を合わせた三つの構成要素により，その知的な動作を実現していきます．

Chapter 2
ロボットの歴史

2.1 古代のロボットから現在のロボットに至るまで
2.2 産業用ロボット
2.3 知能ロボット

おもな内容
- 古代におけるロボットの発想
- 近世の機械技術の発達とロボット(機械人間など)への応用
- 現代におけるロボットの進化
- 戯曲や小説のなかのロボットについての考えかた
- 産業用ロボットの発展と標準化の効果
- 知能ロボット開発の発端
- ロボット研究課題の分離と融合

対応する高等学校の教科書
- 情報関係の教科書にコンピュータの産業用ロボットへの応用がかんたんに紹介されています.
- 電子機械応用の教科書にカレル・チャペックのかんたんな紹介や産業用ロボットについての記述(ただし,歴史ではない)が見られます.

2.1　古代のロボットから現在のロボットに至るまで

ロボットという言葉は，20世紀になって使われ始めた新しい言葉です．しかし，このロボットという言葉から連想されるような自動機械を実現したいという人間の願望は，人類が古代からもちつづけてきた夢でした．そして，この夢はわれわれの文化とも深く関わっているものなのです（**表 2.1**）．

今日でいうロボットに近いものは，古くはギリシャ神話のなかに見つけることができます．紀元前8世紀ごろのホメロス作『イーリアス』には，火の神ヘパイストスが人間の少女に似せた黄金製ロボットを作り，人間に代わって仕事をさせたという話が出てきます．また，クレタ島では，青銅製の人間タロスが作られ，その人造人間が島を見回り，他国の攻撃から島を守っていたという神話もあります．このような，西欧における神話としてのロボットは，紀元前8世紀ごろから紀元後4世紀ごろまで続き，それ以後中世の時期にいったんとだえます．しかし，古代においても人間が人間に似た機械を思い描いていたという事実は，非常に興味深いことです．

次に，実際の技術の面からロボットの歴史をたどってみましょう．紀元前2世紀ごろ，ビザンティンのピロンは，鳥の鳴き声をまねるのに蒸気や圧縮空気を利用したと伝えられています．また，クテシビオスはアレクサンドリアで自動水時計を作っています．

さらに新しい時代（紀元前後1世紀ごろ）になると，この時代の代表的な技術者であるヘロンが現れます．ヘロンは各種の自動装置を作りましたが，そのなかでも有名なものが，神殿の扉（オートドア）です（**図 2.1**）．これは，祭壇の火を熱源にして，サイホンの原理を応用し，神殿の扉を自動的に開閉するというしかけでした．このようなギリシャの技術は，そののちアラビアに受け継がれて発展し，12世紀以降ルネサンスのヨーロッパに伝わり，時計などの精密技術として展開していきました．

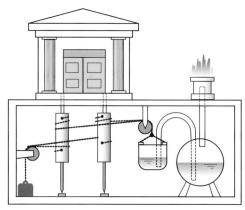

図 2.1　ヘロンのオートドア
（出典：日本ロボット学会編，新版 ロボット工学ハンドブック，コロナ社（2005））

表 2.1　ロボット関連年表

年代	実モデル	概念	社会・文化
紀元前	B.C. 5世紀　ヘロドトス「義足」	ホメロス『イーリアス』 B.C. 3世紀　アルゴ探検隊	四大文明
紀元後	1世紀　ヘロン「オートドア」 850　『今昔物語』かんがい人形	3世紀　ゴーレム伝説	538　仏教伝来
1000年		1183　西行『選集抄』	1185　鎌倉幕府
1500年	1510　ダ・ヴィンチ 　　　「機械仕掛けのライオン」		1543　コペルニクス「地動説」 1656　ホイヘンス「振子時計」 1686　ニュートン 　　　『プリンキピア』
1700年	1730　多賀谷環中仙『璣訓蒙鑑草』 1738　ボーカンソン「アヒル」 1773　ジャケドロス「自動人形」 1775　若井信親「盃はこび人形」 1796　細川頼直『機巧図彙』		1774　ラ・メトリ『人間機械論』 1775　杉田玄白『解体新書』 1781　ワット「蒸気機関」
1800年		1818　シェリー 　　　『フランケンシュタイン』 1883　コロディ『ピノキオ』 1886　リラダン『未来のイヴ』	1868　明治維新 1877　エジソン「蓄音機」
1900年	1893　モア「蒸気人間」	1920　チャペック『R.U.R』 1927　ラング『メトロポリス』	1914〜18　第1次世界大戦 1915　アインシュタイン 　　　「一般相対性理論」 1939〜45　第2次世界大戦
	1947　アルゴンヌ研究所 　　　「リモートマニュピュレータ」 1954　ジョージ・デボル 　　　産業用ロボットの特許 1959　東京大学「人工の指」 1962　ユニメーション社 　　　「ユニメート」 1966　スタンフォード研究所 　　　「シェイキー」（かんたんな命令で作業計画を作製する） 1973　早稲田大学 　　　「WABOT-1」(世界初人間型知能ロボット)	1950　アシモフ 　　　『われはロボット』 1951　手塚治虫『鉄腕アトム』	1946　ペンシルバニア大学 　　　「ENIAC」 1957　スプートニク打ち上げ 1963　東京オリンピック 1969　アポロ11号月面着陸 1970　大阪万博 1972　日本産業用ロボット 　　　工業会設立 1983　日本ロボット学会設立

（日本ロボット学会編：新版 ロボット工学ハンドブック，コロナ社（2005），p.12，表1.2を編集）

1 自動人形

　14世紀前半，イタリアの都市において公共用機械時計が使われ始め，塔時計となって，ヨーロッパ各地へ広まっていきました．これらの塔時計には，天体の運行や人物の動きを表したデザインが多くあります．時計は，1656年にオランダの科学者ホイヘンスが振子時計を発明したことにより，精密機械としてさらに進展しました．

　16～18世紀になると，時計に付随する技術であった自動仕掛けが，自動人形に応用され始めました．1738年，紡績機械技師のボーカンソンは，笛を吹く少年，大鼓をたたく少年，アヒルの自動人形（**図2.2**）をパリの科学アカデミーで公開しました．このアヒルは，えさをついばんだり，排せつしたり，鳴いたり，さらに水浴びすることができたという記録が残されています．技術的にはこれらが今のロボットの原型といえるかもしれません．

　1773年，スイスのジャケドロス父子は，文字書き，絵描き（**図2.3**），オルガン演奏（**図2.4**）の3体の自動人形を作りました．これらはいずれもたいへん精巧に，写実に徹して製作されており，生きているかのように振る舞います．

図2.2　ボーカンソンのアヒル
（出典：日本ロボット学会編，新版 ロボット工学ハンドブック）

図2.3　ジャケドロスの絵描き人形

図2.4　ジャケドロスのオルガン演奏人形

2　19世紀の芸術と技術

　時計の市民への普及は，安価な大量生産品を生み出しました．そして，19世紀中ごろからは，自動人形も人々を楽しませる芸術的な部分と，それらを精巧に動かすためのしくみに分けて研究開発されるようになり，それぞれ文学や芸術，あるいは近代技術として，新しい学問・芸術の分野として登場するようになりました．このような芸術と学問の分離および融合は，そののちの歴史のなかでも何度も繰り返されることになります．なにか新しいものを発明すれば，それをより深く研究開発するために，いくつかの要素に分けて，研究が進みます．そして，ある程度要素の研究が終わると，再びすべての要素は組み合わされ，たとえば，ロボットとしてどのような新しいことができるようになったかを確認するわけです．そして，今度はさらに新しい問題に対して，深く研究するために，新たな要素に分けて研究します．とくに，ロボットの研究開発はこのような分離と融合を繰り返して進歩してきているのが特徴といえます．

　19世紀にはロボットに関する有名な文芸作品がいくつか発表されています．1818年には，メアリ・シェリーの『フランケンシュタイン』，1831年には，人造人間ホムンクルスが登場するゲーテの『ファウスト』，1870年には自動人形コッペリアを中心としたホフマン原作の『コッペリア』，そして1883年にはコロディにより『ピノキオ』が執筆されています．また，1886年にはリラダンが『未来のイヴ』を執筆しています．この小説には美女ロボット「アダリ」が登場しますが，小説のなかでは驚くことに，このロボットの構造まで詳細に描かれています．

　実際の機械としては，1893年，ジョージ・モアが「蒸気人間」を作りました．この「蒸気人間」は蒸気機関により足を動かし歩いたとされていますが，実際には転倒しないように，腰が棒で支えられた状態で歩くというものでした．

3　日本のあやつり・からくり人形

　ボーカンソンやジャケドロスが自動人形を製作したのと同じ時代に，日本においても，いわゆる「人形からくり」が登場しています．人形からくりには，「あやつり」と「からくり」の二つの流れがあります．あやつりは糸を使って人形を動かすものであり，からくりは重力やぜんまいを動力として人形を自動的に動かすものです．

　1730年に，多賀谷環中仙（たがやかんちゅうせん）が『璣訓蒙鑑草（からくりきんもうかがみぐさ）』を出版しています．これには，いろいろな自動人形がそのしかけも含めて説明されていて，たとえば文字を書く人形では，現在の「ならい工作機械」を思わせる説明があります．この本は，からくりの原理書的な意味をもつ本であるということができます．

　それに対し，1796年にからくりの設計書といえる『機巧図彙（きこうずい）』が細川頼直により著されています．このなかには，茶運び人形，龍門滝，五段返しなどのしかけが多数説明されており，また和時計（季節により変化する日の出から日の入り，日の入りから日の出をそれぞれ6等分して時を刻む江戸時代の時計）のしかけについても詳しく書かれています．このように，日本のからくり技術も，ヨーロッパと同じように時計技術を背景としています．

図 2.5　茶運び人形（高知県立歴史民族資料館蔵）

4　20世紀のSFに登場するロボット

　ロボットの語源は，チェコの作家カレル・チャペックが 1920 年に発表した戯曲「ロッサム・ユニバーサル・ロボット会社（R.U.R）」といわれますが，そのストーリーは次のようなものです．

> 　ロボットは人間に代わって労働するために作られたが，その数がだんだん増えて，次第に感情を持つようになり，ついには人間を滅ぼす．人間が滅んだあと，ロボットは自分たちの製造法を知るために，解剖して調べようということになった．そのとき，男と女の 2 台のロボットの間に互いに相手をかばい合うという愛情が芽生え，ここに新たなアダムとイブが誕生する．

　また，チャペック以後のロボットに関する SF 作家として有名なのが，アイザック・アシモフです．1950 年，アシモフは小説『われはロボット』を書きましたが，このなかでアシモフは，**ロボット三原則**を提唱し，これをもとに数多くの作品を書いています．そのロボット三原則とは以下のようなものです．

> 原則一：ロボットは人間に危害を加えてはならない．また，その危険を看過することによって，人間に危害を及ぼしてはならない．
> 原則二：ロボットは人間に与えられた命令に服従しなければならない．ただし，与えられた命令が，第一条に反する場合は，この限りでない．
> 原則三：ロボットは，前掲第一条および第二条に反するおそれのない限り，自己を守らなければならない．

　現在の研究でも，このロボット三原則の考えかたは，多くのロボット研究者によって支持されています．われわれも将来，このような原則が必要になるほど，高い性能のロボットを利用するときが来るかもしれません．

5 現代のロボット

今でいうロボットの研究開発が始まったのは，20世紀中期からです．この背景には，コンピュータの発達，オートメーション化への要求，原子力の開発などがあります．1946年にペンシルバニア大学で作られた世界最初の大規模電子計算器といわれるENIACの完成からはじまり，コンピュータは驚異的なスピードで進歩し，演算の高速化，記憶容量の増大，低価格化などの道を歩んできました．

また，コンピュータの進歩は同時に，大量生産には必要不可欠な自動生産方式であるオートメーション技術を進歩させ，これは1952年の**数値制御工作機械**（以下，**NC工作機械**）の開発へとつながっています．NC工作機械開発における制御技術研究や機械研究は，ロボット技術の土台となっていきました．「**産業用ロボット**（industrial robot）」の最初のアイデアは，1954年にジョージ・デボルが出した特許であるといわれています．この特許の技術的ポイントは，サーボ技術による関節の制御と，人間がロボットを操って，動作を教えることができる動作の教示方式にあります．これは**ティーチングプレイバック方式**（教えてから再現するという意味）と呼ばれるロボット制御法であり，現在のほとんどの産業用ロボットの制御の基本となっています．この特許をもとに，アメリカのコンソリデーティッド社が，1958年に最初の産業用ロボットを製作しました．しかし，製品として売り出された最初の実用機は，1962年，アメリカのAMF社の「バーサトラン」とユニメーション社の「ユニメート」です．これらの産業用ロボットは，制御方式は基本的にNC工作機械と同じですが，その形は，人間のようなアームとハンドから構成されていたことが特徴でした．

日本では，1968年にアイダエンジニアリング社がオートハンドというロボットを公開しました．1970年以降，ロボットに関する研究は急速に広まっていきました．1970年にアメリカで第1回国際産業用ロボットシンポジウム（ISIR）が，1973年にイタリアで第1回ロマンシー（Robot and Manipulator System，ロボット・マニピュレータ・システムに関する国際会議）が開かれました．日本では1967年に人工の手研究会（現バイオメカニズム学会）などが，第1回ロボットシンポジウ

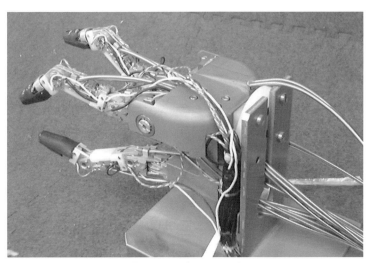

図 2.6　ロボットハンド

ムを開いています．さらに，1972 年には日本産業用ロボット工業会（現：（一社）日本ロボット工業会（JIRA））が設立されました．産業用ロボットが本格的に普及し始めた 1980 年は，「**ロボット元年**」と呼ばれています．そして 1983 年に，日本ロボット学会（RSJ）が設立されました．

2.2 産業用ロボット

1 マニピュレータと産業用ロボット

代表的なロボットの一つに**マニピュレータ**があります．マニピュレーション機能とは，物体を操作するという意味で，たとえばロボットハンドなどによって物体を持ち上げる操作を指します．この「物体を操作できる機能」を有するロボットを，マニピュレータと呼びます（**図 2.7**）．マニピュレータに必要な条件としては，以下の三つがあげられます．

① マニピュレーション機能あるいは移動機能を有すること．
② 自動制御による作業が可能であること．
③ 作業内容の再プログラムが可能であること．

マニピュレータは，JIS 規格（日本の工業製品の標準的な仕様を決めた規格）によると「人間の上肢に類似した機能をもち，対象物を空間的に移動させるもの：JIS B0134-1986（産業用ロボット用語）」とされていますが，産業用ロボットの多くは，マニピュレータに上記の②，③の機能を加え，人間に代わってさまざまな作業を実行できるようにしたものです．

また，「人間が直接操作するマニピュレータ（JIS B0134-1986）」（マニュアルマニピュレータ）があります．これは人間の操作によってマニピュレータを動かすもので，人力増幅装置であるとい

図 2.7　安川電機のマニピュレータ「MOTOMAN-AR1440」

うことができます．マニピュレータのしくみは，6.1 節で詳述します．

　これに類似したものとして，**操縦ロボット**があります．これは人間が直接操作するものですが，部分的に自動制御による作業実行機能，また，移動機能を併せもつこともあります．操縦ロボットは今後，ますます高度化していくものと思われます．たとえば遠隔操縦ロボットは，危険な作業を，人間が離れた場所から操縦しながら実行させるものです．そこにさらに高度な機能として，自分の判断で自律的に動作する機能，人間の指令を理解できる機能，さらにその知識を学習できる機能をもたせると，よりいっそう便利になります．こうなると，これはもはや**知能ロボット**（人工知能によって行動決定できるロボット）ということができます．

2　産業用ロボットに関する標準化

　産業用ロボットの標準化の研究は，世界に先がけて，1973 年から日本ロボット工業会で行われ，これに基づいた産業用ロボット用語（JIS B0134）が 1979 年に制定されました．当時は以下のように規格が定められ，以降，時代に合わせた改正が行われています．

- JIS B0138-1980：産業用ロボット記号
- JIS B8431-1988：産業用ロボットの特性・機能の表しかた
- JIS B8432-1983：産業用ロボットの特性・機能測定方法
- JIS B8433-1986：産業用ロボットの安全通則
- JIS B8434-1984：産業用ロボットの操作装置などに関する機能識別記号および識別色
- JIS B8435-1986：産業用ロボットのモジュール化設計通則

　標準化とは，いろいろな企業が別々の設計に基づいてロボットを開発するのではなく，部品などを共有することで，より高度なロボットを互いの協力のもとに安く作り上げようという活動です．標準化によって定められた仕様に基づいて作られたロボットやロボットの部品は，さまざまに組み合わせることが可能となります．現在では産業用ロボットの標準化しか行われていませんが，今後，人間の日常生活ではたらくロボットに関しても標準化が必要となってきます．先に述べたロボット三原則は，その根幹をなすものかもしれません．

2.3　知能ロボット

　知能ロボットの始まりは，1969 年にスタンフォード研究所（SRI；Stanford Research Institute）で開発された人工知能ロボット「シェーキー」であるといえるでしょう（**図 2.8**）．シェーキーは，その動きが震えている（shake）ように見えたために，その名がつけられました．このシェーキーが革新的だった点は，当時可能であったコンピュータ技術，制御技術，TV カメラ技術など多数の技術を組み合わせて開発された，自分で判断して行動するロボットであったことです．実際にシェーキーは，カメラで環境のようすを観察し，地図を作ったり，目的地に行ったりという一連の動作を，すべて自動で実行することを目的に開発されました．

図2.8 スタンフォード研究所（SRI）で開発された人工知能ロボット「シェーキー」
（Image Courtesy of Computer History Museum）

　シェーキーの開発が発端となって，人工知能や知能ロボットの研究に大きな期待が寄せられるようになりました．その結果，人工知能研究や画像認識研究という，それまでになかった新しい研究が始まり，多くの研究者が参加しました．それらの研究は，今日まで続いています．

　そして2012年ごろに，**深層学習**（Deep Learning）という技術が開発され，とくに，人工知能や画像認識の研究が大きく進歩しました．

　人の声をテキストに変換する技術（**音声認識**）や，画像のなかに映っているものがなんであるかを認識する技術（**画像認識**）は，長らく知能ロボットの研究における難しい問題でした．しかし，深層学習によって，ロボットにとって難しいこれらの問題が，人間と同じレベルで解けるようになったのです．無論，人間のように言葉の意味を理解したり，画像に映し出されているものの意味を理解したりすることはできません．しかし，音声をテキストに変換してコンピュータに取り込んだり，あらかじめ教えられた情報をもとに画像になにが映っているかを当てたりすることができるようになったのです．

　シェーキーの研究をきっかけに生まれた人工知能や画像認識の研究は，大きく進展しました．今後これらの技術を再び統合してロボットを開発すれば，かつてない高性能なロボット，人間の能力に近い能力をもつロボットが実現できると期待されます．

Chapter 3
ロボットのしくみ

3.1 人間型ロボットの構成
3.2 人間に近づくロボット

おもな内容
・関節配置と動作の種類
・センサのはたらき(全方位視覚センサ,前方カメラ,加速度・ジャイロセンサ)
・コンピュータによる動作制御システム

3.1 人間型ロボットの構成

ここでは，ロボットの基本的なしくみについて，実際に開発されたロボットを見ながら説明します．**図 3.1** は，自律型 2 足歩行ロボットの **VisiON 4G** です．

VisiON 4G は，ロボカップサッカー世界大会のヒューマノイドリーグに出場するために，ヴイストン社などを中心とする Team OSAKA によって開発されました．競技では，人間が操縦するのではなく，ロボットが自分のセンサを用いて，自ら状況を判断して行動しなければなりません．そのため VisiON 4G は，ボールの位置を確認する，ボールの位置まで移動する，ゴールの位置を確認する，シュートするなどの動作ができるようになっています．このロボットの大きさは，高さ 445 mm，幅 210 mm，奥行き 150 mm です．**図 3.2** は胴関節の部品です．構造材にはアルミニウム合金と樹脂を用いており，軽量で高剛性なボディとなっています．しいていえば，数百人の旅客を運ぶジェット旅客機に作りかたが似ているといえるでしょう．

この VisiON 4G はどのようなロボットなのか，行動のための運動機能，環境認識のためのセンサ，認識から運動までの情報処理の三つの機能に分けて順に説明しましょう．

図3.1　自律型ヒューマノイド「VisiON 4G」

図 3.2　アルミニウム合金と樹脂でできた VisiON 4G の胴体部分

❶ 行動のための運動機能

　VisiON 4G は，人間のような体でサッカーをすることを目的に設計されています．その高い運動能力を発揮するための，関節の配置などはどうなっているでしょうか．関節は全部で 23 個あり，ロボット専用サーボモータ（一般的なラジコンなどに用いられるサーボモータと構造は似ていますが，ロボット専用の特性をもっています）により駆動されます．**サーボモータ**とは，サーボシステム（4.3 節参照）を構成するモータのことで，VisiON 4G では**図 3.3** で示すように配置されています．図 3.3 の円形の印は，モータの回転軸が手前から奥にのびていることを表し，三角形が重なった印は，紙面に平行な方向に回転軸がのびていることを表しています．たとえば，同図内のカメラ（Camera）の下側左右に取り付けられたモータは，左右の腕をそれぞれ前後に振るように動かすために使われます．VisiON 4G では膝に二つのサーボモータが搭載され，脚の上部と下部それぞれをリンク機構とすることで，歩行時の重心バランスの安定化・高速化を図っています．

　このモータ配置により，四肢は次のような動きが可能になっています．

腕全体：前後振りと回転，横方向に上げ下ろし．
　腕　：上腕を捻る，肘を曲げのばす．
　足　：足全体を捻る，足全体を横に上げる，足全体を前に上げる，膝を曲げる．
足　先：足首を前後に曲げる，足首を左右に曲げる．

　このような四肢の動きができるからこそ，**図 3.4** のように，体を少し傾け，足を後ろに蹴り上げ

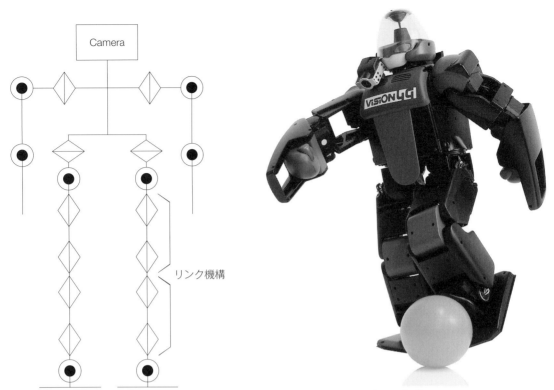

図 3.3　VisiON 4G のモータ配置　　　図 3.4　ボールを蹴る VisiON 4G

るようなシュートの体勢が可能になるのです．

　表 3.1 は，VisiON 4G に用いられているロボット専用サーボモータの性能を表しています．**トルク**とは，モータの力の大きさを示す言葉で，［軸中心からの距離〔cm〕］×［巻き上げるものの重さ〔kg〕］で表します．トルクが 41 kg・cm であれば，半径 1 cm のプーリ（滑車）で 41 kg の重さのもの（半径 2 cm のプーリならば 20.5 kg の重さ）を巻き上げる力があることを表します．

　全身の関節には，「VS-SV410」というサーボモータを用いています．どの関節にどのモータを用いるかは，設計における非常に重要な項目です．強い力を出すモータは，逆に速度は遅くなります．これは，モータの回転をギアで減速していますが，そのギア比が違うためです．また，一般に強い力を出すモータは重くなり，消費電力も大きくなります．早く動かさないといけない関節はどこか，強い力が必要となる関節はどこか，そのロボットでどのような動作をさせるかを考えながら，慎重に設計する必要があります．モータの選択は，ロボットの運動性能に大きく関わってきます．

表 3.1　ロボット専用サーボモータの性能

項　目	VS-SV410
トルク〔kg・cm〕	41
回転速度〔deg/sec〕	428.6
重さ〔g〕	66
寸法〔mm〕	40.5×21.0×32.9
通信方式	LVSerial コマンド方式

2 環境認識のためのセンサ

VisiON 4G は，周囲の状況を認識するために，**全方位視覚センサ**，**前方カメラ**，**加速度・ジャイロセンサ**の3種類のセンサを備えています．以下にセンサの役割についてかんたんに説明します．より詳しくは，「Chapter 5 センサ」で説明します．

全方位視覚センサは，その名のとおり周囲 360°の検出範囲をもつ，おもに曲面鏡とカメラで構成された視覚センサです．きれいな金属球（たとえばステンレスの球）を持ち上げて下からのぞき込むと，球の表面に，自分の周囲がすべて映し出されることに気づきます．全方位視覚センサに用いられているのは，球の鏡ではなく特殊な形状をした，全方位ミラーと呼ばれるものですが，その原理は球の鏡とほぼ同じです．

この全方位視覚センサは，ロボットの周囲を見渡すことのできる頭の上に付いており（**図 3.5**），周囲の状況は全方位ミラーに映ります．ミラーに映った映像は，レンズを通して **CCD カメラ**（半導体でつくられた小型のカメラ）に映像データとして記録されます（**図 3.6**）．

図 3.5　全方位視覚センサ

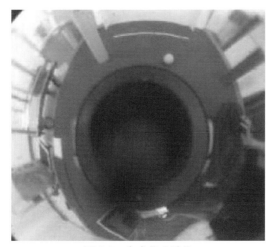

図 3.6　全方位の映像

では，全方位視覚センサで得られたデータはどう処理されるでしょうか．CCD カメラには，図 3.6

のように，周囲を上からぐるっと見渡した景色が平面的に映っています．このままでは VisiON 4G はなにも判断できないので，VisiON 4G が判断できるようにデータを処理する必要があります．映像の色を赤 (R)，緑 (G)，青 (B) の要素に分解して，共通の色の塊で周囲を認識するようにします．これがカラー情報による**領域分割**です．この情報をもとに，ロボットはボールやゴールを認識します．図 3.7 の右端の図は，ロボットがボールを発見したようすを示しています．

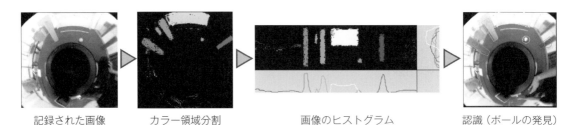

記録された画像　　　カラー領域分割　　　画像のヒストグラム　　　認識（ボールの発見）

図 3.7　VisiON 4G の画像処理

VisiON 4G には，全方位視覚センサ以外に，前方カメラと加速度・ジャイロセンサ（**図 3.8**）が取り付けてあります．前方カメラは，全方位センサでは見えない足元の状況を捉えます．加速度センサは，体がまっすぐに立っているかどうか，どれくらい傾いているかを判断するために使われます．VisiON 4G は，倒れるとすぐに倒れたという事実を判断して，起き上がるための動作をとります．また，加速度センサは体の傾きを検出するのにも使われます．検出された傾きと逆方向に体を傾けることで，上体が常に水平に保たれるような動作を行うことができます．

図 3.8　加速度・ジャイロセンサ

ジャイロセンサは，体がどちらの方向にどれくらいの速度で動いているかを検出するセンサです．とくに，体のふらつきを検出するために使われます．ふらつきを検出することで，たとえば「足を踏ん張る」などの動作をとることができます．

3　認識から運動へ

全方位視覚センサ，加速度・ジャイロセンサから得られる情報は，VisiON 4G に搭載された 2 台のコンピュータで処理されます．この 2 台のコンピュータが，いわゆるロボットの頭脳に相当します．VisiON 4G のコンピュータは，メインコントローラ（Main controller，**図 3.9**）とサブコントローラ（Sub controller，**図 3.10**）の二つの部分からなっています．メインコントローラは，画像処理，

図 3.9　メインコントローラ

図 3.10　サブコントローラ

表 3.2　コンピュータの性能

	メインコントローラ 「PNM-SG3」	サブコントローラ 「VS-RC003HV」
CPU	AMD GEODE 500 MHz	LPC2148FBD64
ROM	48 GB （コンパクトフラッシュ）	512 KB
RAM	512 MB	64 KB
インタフェース	RS232，USB ワイヤレス LAN	RS232，I^2C
OS	Windows XP	なし
制御対象	・画像処理 ・自律制御	・動作制御 ・安定化

環境認識，行動計画に使われ，サブコントローラは，動作生成と姿勢安定化に使われます．**表 3.2** は，実際に VisiON 4G に搭載されている二つのコントローラとその性能を示しています．全方位視覚センサから入力された視覚情報は，メインコントローラで処理され，とるべき行動が決められます．そのあと，サブコントローラにロボットがとるべき姿勢の命令が次々に送られます．サブコントローラの役目は，メインコントローラから送られてくるロボットの姿勢の命令に従って，モータを動かし，与えられた姿勢をとることです．システム全体の処理の流れを**図 3.11** に示します．

このメインコントローラの映像処理や行動決定には，多くの計算が必要となります．そのため，メインコントローラにはできるだけ性能の高いコンピュータを使う必要があります．VisiON 4G では，AMD GEODE というパソコンに使われているものと同じコンピュータを用いています．そのため，メインコントローラでは OS に Windows XP を使うことができて，まったくパソコンと同様に扱えるようになっています．

一方，サブコントローラには**組込用マイコン**を使用しています．サブコントローラのおもな役割は，メインコントローラから送られてくる動作命令を理解し，その動作命令に従って各アクチュエー

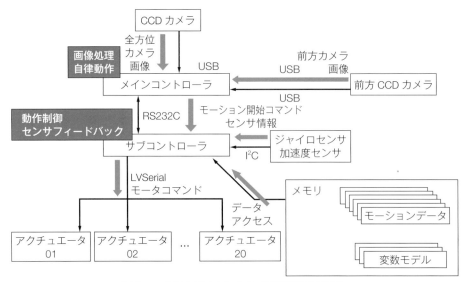

図 3.11　VisiON 4G における情報処理の流れ

タに命令を送ることにあります．それと同時にロボットに搭載されたセンサの値を取得し，自身が現在どのような姿勢にあるのかを理解し，歩いている途中で転倒したりしないように制御をかけています．これらの計算は，一定時間ごとに正確に実行されなくてはなりません．メインコントローラは Windows XP を介してさまざまな処理を行っているため，正確に一定時間ごとになにかしらの処理を行うことが難しくなっています．これに対して，サブコントローラである組込用マイコンは OS を介さずにプログラムを動かすため，モータ制御や軌道生成などといった一定間隔ごとに実行しなくてはならない処理に非常に向いています．その代わり，メインコントローラに比べ動作速度は 1/8 程度しかありません．このため，リアルタイム性を必要とするところとしないところで，上記のように二つの CPU に仕事を分配させています．

　さて，センサから送られてきた情報をもとに，ロボットはさまざまな動作をとるのですが，基本となる動作はあらかじめコンピュータに登録しておく必要があります．たとえば，"前に歩く"，"体の向きを変える"，"ボールを蹴る" というような動作です．コンピュータは，送られてくるセンサ情報を解釈して，最終的にはこれらの動作の一つを選んで実行します．実は，センサ情報を解釈して動作を選ぶという部分が，人工知能として最も難しい部分です．しかし，ここでは「ボールを見つけたらゴールをめがけて蹴る」という比較的単純な行動のみを考えておきましょう．この本の後半では，さらに人工知能の部分を説明しますが，その人工知能も，ロボットのセンサが十分にはたらき，ロボットがよく動くように準備しておかないと意味がありません．逆に，人工知能部分が比較的単純でも，センサ情報の処理と正確に動作できる機能があれば，かなりよく動きます．

　では，この基本的な動作は，どのように作るのでしょうか．VisiON 4G の動作作成には，二つの方法が存在します．

　一つは，サブコントローラに搭載された**歩行モデルによる動作**です．歩行モデルによる動作とは，歩行の軌跡を数式で表現し，その結果を逆運動学によって解くことで，歩行を実現する方法です．逆運動学とは，Chapter 1 で少し説明しましたが，任意の足先の位置を実現するための関節角度を

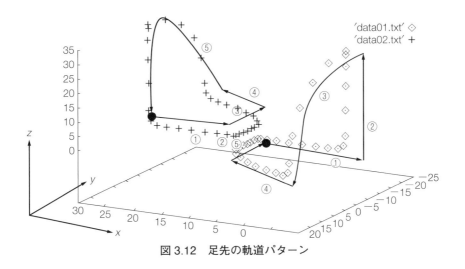

図 3.12　足先の軌道パターン

計算する方法のことです．この軌道は，サブコントローラ内でリアルタイムに生成されているので，自由な歩幅で，自由な方向にロボットを動かすことができます．**図 3.12** はロボットが前進する際の目標軌跡を示しています．

　もう一つの動作生成方法は，**RobovieMaker2** などのモーションエディタソフトを使う方法です．VisiON 4G の動作作成には，ATR 知能ロボティクス研究所で開発された RobovieMaker2 という，動作生成用のソフトウェアを用いています．**図 3.13** にモーションエディタソフトの画面を示します．図に示されるように，このモーションエディタソフトでは，各関節の動きをユーザが直接指示します．RobovieMaker2 を実行しているパソコンと，VisiON 4G を接続しておけば，エディタ上で各関節を操作するとロボット自体も動くので，実際にどのような姿勢をとっているのか直接目で見て確認できます．

　このモーションエディタソフトを使えば，さまざまな動作が作成可能です．たとえば，ボールを蹴るという動作一つにしても，いくつかの蹴りかたがあります．体のひねりを使うだけでなく，足を振り子のように振ってその反動を使って強く蹴るなど，思いのままに自由な動作が作れます．

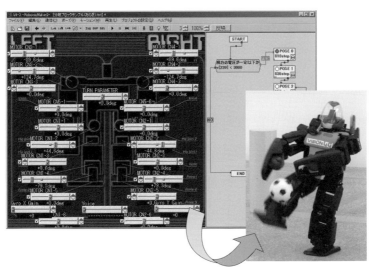

図 3.13　RobovieMaker2 のモーションエディタ機能

ではなぜ，先の逆運動学に基づく方法が必要となるのでしょうか．それは，逆運動学を解くほうがかんたんに関節の動きを決められるからです．逆運動学に基づく方法で必要となるのは，足先の動きだけです．一方，モーションエディタソフトを使った場合には，ユーザが各関節の動きをすべて指定しなければなりません．ロボットにたくさんの関節がある場合には，その手間は関節の数だけ増えます．10個の関節があるロボットの場合だと，1個の関節があるロボットに比べて手間は10倍以上かかります．しかし，逆運動学に基づく方法では，反動を使った動作など，より高度な動作は作ることができません．この二つの方法は，作る動作に応じて使い分ける必要があります．

VisiON 4Gでは，単に動作を生成して実行するだけでなく，動作中にもセンサ情報を見ながら，人間のように，転ばず安定して動作するための制御を行っています．安定的に動作するために用いるセンサは，先にも述べた，加速度・ジャイロセンサです．

図3.14を見ながら説明しましょう．加速度センサは，傾いた床の上でもロボットが立つための制御に用いられます．加速度センサからは，重力がかかる方向を検出できます．この重力の方向とロボットの姿勢を比べて，常にロボットが重力の方向に対してまっすぐに立つようにすれば，ロボットは倒れません．VisiON 4Gでは，足首のモータを動かすことで，安定して立つための制御を実現しています．

一方，ジャイロセンサは，ロボットの体が回転する速度を検出することができます．図3.15を見てください．ピッチ角速度とロール角速度ということばがありますが，これらはそれぞれ，ロボットでいうと，うなずく方向の回転角速度と，体を左右に傾ける方向の回転角速度という意味です．ロボットの体がどのような速度で回転しているかを常にチェックして，予定外に回転するようであれば，足首のモータなどを制御して，その回転を抑えます．

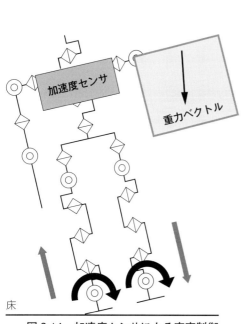

図3.14 加速度センサによる安定制御

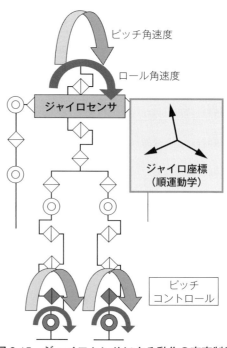

図3.15 ジャイロセンサによる動作の安定制御

3.2 人間に近づくロボット

これまでに，実際のロボットはどのような機械的なしくみやセンサをもっているかを説明してきました．ここでもう一度，ロボットにおける情報処理の流れを，人間と比較しながら見直してみましょう．「Chapter 1 はじめに」でもかんたんに説明しましたが，ここではもう少し詳しく説明します．

1 人間に近い情報処理の流れ

ロボットは，図 3.16 の上部に示すように，また Chapter 1 でも述べたように，大まかには三つの構成要素からなります．一つめは，人間や動物の知覚に相当するセンサ部で，外からの情報を取得したり，自分の姿勢などを知ったり，さらには，物体を操作する場合などに，必要な接触情報などを取得したりします．二つめは，センサが集めた情報を処理して判断する部分で，いわゆる頭脳に相当します．そして，最後は，とるべき行動を実現する機構や制御の部分です．

これらの各構成要素で，実際の処理がどのように行われるか見てみましょう．たとえば，サッカーの試合で，ロボットが味方にパスする場合を考えます．最初に TV カメラを使って外のようすを捉えます（外界の知覚）．そのなかに，味方，敵，ボールやゴールを見つけます（外界のモデリング）．そして，どこへパスを出すか考え（プランニング），実行します（タスクの実行）．具体的には，ロボットはモータを動かしてボールを蹴らないといけません．そのための指令を送ります（駆動系への伝達と制御）．そして最後に，モータを回して脚でボールを蹴ります（アクチュエータ系への出力）．これら一連の処理は，知覚・認識系，判断・立案系，機構・制御系がうまく結合することで初めて成立し，ロボットを動作させます．これは人間も同じで，人間を研究する認知科学でも同様の考えかたをします．

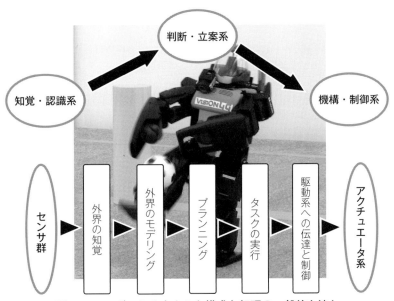

図 3.16　ロボットの大まかな構成と処理の一般的な流れ

2 人間に近づくセンサ

このロボット処理の流れのなかで，最初に重要となるのが知覚・認識系です．以前にも述べたように，ロボットにはさまざまなセンサが用いられます（**図3.17**）．センサには，人間の視覚に似たものや，昆虫や動物のしくみをまねたものまで，さまざまなものがあります．

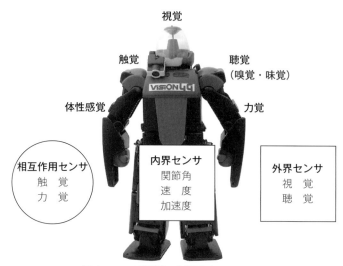

図3.17　3種類に分類されるセンサ

それらのセンサのなかで，最も一般的に広く用いられているものが**視覚センサ**です．たとえば，家庭用ロボットとして広く知られているソニーのAIBOシリーズ（1999年初代発売，最新版は2017年発売のaibo）では，視覚センサとしてCCDカメラや**CMOSカメラ**（CCDよりも消費電力が少なく，小型化が可能）が用いられてきました．**図3.18**はCMOSカメラを搭載した7世代目のAIBO「ERS-7」です．2019年現在，最新モデルのaiboもCMOSカメラを搭載しています．

図3.18　CMOSカメラを搭載した「AIBO」（ソニー）

このようなカメラから得られる映像データには，さまざまな情報が含まれていますが，問題はどうやってそこから意味のある情報を抽出するかです．カメラからの情報は，ロボットのコンピュー

タに送られるとき，色や光の2次元データが1次元の数値データに変換されます．このデータから意味のある情報を抽出しなければならないのです．

　ロボカップサッカーでは，迅速な処理をしないと試合に負けてしまうので，処理をかんたんにするために，カラー情報を利用して，ボールやゴール，さらに敵や味方を識別します．形や運動の情報処理も非常に大切ですが，これらの処理には時間がかかるからです．また，自分の場所を確認するために，フィールドライン（コートを描いた白線）を検出することも大切です．この場合は，色情報よりも，明るさの変化する部分（エッジと呼ばれています）を抽出する処理がなされます．

　もう少し高度なロボットの視覚について紹介しましょう．私たち人間は，二つの眼球をもっていて，これによって遠近感が得られます．右目と左目で見える位置が少し異なっているからです．遠くの物体を見るときにはほとんど差がありませんが，近くの物体は大きくずれて見えます．このずれ（**視差**と呼ばれています）を検出して距離を計測します．これは**両眼立体視**（**ステレオ視**）と呼ばれています．この人間の視覚のまねをして，二つのカメラで距離を測りながら環境のようすを調べるロボットもたくさんあります．

　両眼立体視の原理を**図 3.19** に示します．今，視覚目標を二つのカメラ1とカメラ2で捉えたとしましょう．それぞれの画像1，画像2には，視覚目標が投影されています．カメラから視覚目標の距離に応じて，画像1と画像2では投影場所が異なります．遠方ではその差が小さく，近傍になればなるほど大きくなります．この差のことを視差と呼んでいます．この視差により，カメラから視覚目標までの距離が推定できます．両眼立体視において重要なのは，右目と左目で同じ物を見ることです．ロボットにとってこれは容易ではありません．右の画像に写っている物体が，左の画像のどれに相当するのかは，その物体の形や色やさまざまな特徴をもとに探し出す必要があります．これは，**対応問題**と呼ばれています．人間は，通常はいともかんたんにこの作業をやってのけるのですが，人間でも区別しにくい物を見た場合には混乱します．たとえば，白黒の縦の縞模様が両目全体に写っているような場合には，人間は距離感がつかめず混乱します．ロボットの場合は人間ほど賢くないので，どの環境でこの両眼立体視を用いることができるのか，対応問題は解きにくくな

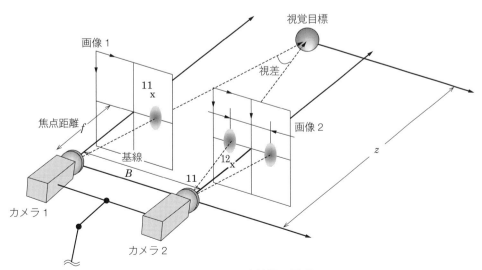

図 3.19　両眼立体視の原理

いのか，事前によく検討する必要があります．

人間のような両眼立体視よりも，確実に距離を測定する方法として，光を投影した距離測定法があります．両眼立体視の片方のカメラをレーザなどに置き換えて，そのレーザが物体の表面に映し出されるのを，もう一つのカメラで見るのです．レーザの強い光により，カメラに写し出される物体が容易に区別でき，両眼立体視で問題となった対応問題も起こりません．このような原理の距離測定装置は，レーザレンジファインダと呼ばれ，ロボカップでも用いられていますし，工場内ではたらくロボットなど，実用的な場面でもたくさん用いられています．

またさらに，光の代わりに音を発することで，距離を測る装置があります．これは**超音波センサ**と呼ばれています．スピーカで音（超音波）を鳴らして，その音が反射して戻ってくるのをマイクで検出します．これは，1.2節で述べた，コウモリがもつ障害物検出のしくみと同じです．この音が物体に反射して戻ってくる時間は，物体までの距離に比例しますから，時間を距離に換算することができます．また，装置もスピーカとマイクロフォンだけで構成できますから，非常に小型で安価です．ただし，物体の形状によって音のはねかえりかたは大きく変わるので，カメラを用いた両眼立体視やレーザレンジファインダに比べて，その精度はかなり劣ります．そのため，ロボットに用いる場合は，おもに近くに障害物がないかどうかを検出するセンサとして用いられます．

このように，視覚センサの世界を見てみると，人間や動物から多くのヒントを得ながら開発されていることがわかります．今後，研究開発が進めば，これらのセンサはより人間に近づくと期待されています．センサについては，「Chapter 5 センサ」で詳述します．

3　人間に近づく腕

センサデータの取得やその処理，判断などが情報を扱うのに対し，モータなどの可動部をもつロボットの身体構造は，エネルギーも扱います．電動モータのように，通常，与えられたエネルギー（この場合，電気エネルギー）を運動エネルギーに変換するものを**アクチュエータ**と呼んでいます．アクチュエータには，空気や油などの流体を用いたものもありますが，最も一般的でよく利用されているのが**電動モータ**です．

かんたんに説明すると，一つのアクチュエータで回転か直進の一つの運動を実現できます．電動モータ自体は回転運動ですが，機構を介して直線運動も生み出すことができます．この一つのアクチュエータが定める一つの運動が実現できることを「1自由度の運動をもつ」と表現します．ですから，n個のモータをもつロボットは，基本的にはn個の自由度をもつことになります．

図 3.20の写真に，ロボットアームとロボットハンド（3本指）の例を示します．それぞれモータの駆動部に対応する関節と，関節を結ぶリンクから構成されています．右のロボットアームでは六つのモータが，また左のハンドでは各指三つのモータで合計9個の自由度があります．

ただし，それらがどのように組み合わされるかで，仕事を実行するときに実現される自由度は異なります．たとえば，皆さんの手を考えてみましょう．関節がいくつもありますが，物を単純に握るときは，開閉だけの1自由度で充分です．

図3.20のロボットアームには，六つのモータがありますが，腕先で対象物体をつかんで操作す

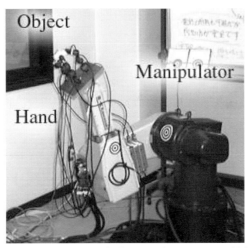

図 3.20　ロボットハンド（左）とロボットアーム（右）の例

る場合，3 次元空間では物体の自由度は，3 次元位置の三つ（x, y, z 軸上の場所）と三つの軸周りの回転による姿勢の合計六つの自由度が必要となり，自由度が足りています．一方，私たち人間の肩から手首までは 7 自由度あるといわれています．この余った自由度は，ほかの仕事に使えるかもしれません．ですから，肩と手首を机の上において固定しても，肘が動かせます．このような余った自由度は，障害物回避などに利用されています．

　ここでは，腕についてのみ紹介しましたが，脚も同様です．人間のように自由度の高い脚を持つことで，ロボットはより柔軟に動作することができるようになります．**図 3.21** に示す早稲田大学の WABIAN-2R は，片脚に，足首までのアクチュエータによって駆動される自由度が 6，つま先にはアクチュエータによって駆動されずフリーに動く自由度が 1 あり，脚の位置を固定したまま膝の開閉をするなどの動きができます．

図 3.21　WABIAN-2R（早稲田大学　高西淳夫研究室）

Chapter 4 モータ

4.1 モータの基礎
4.2 さまざまなモータ
4.3 サーボシステム
4.4 運動と力
4.5 その他のアクチュエータ

おもな内容
- 磁界や電磁気力など，モータの基礎
- いろいろなモータの種類（直流モータ，ステッピングモータなど）
- モータ（サーボモータ）の制御
- 回転力の伝達機構
- その他の代表的なアクチュエータ

対応する高等学校の教科書
- 電気基礎，生産システム技術に関係する教科書に，電流と磁気に関する説明があります．
- 機械設計，工業数理に関する教科書に，力，運動に関する説明があります．
- 電子機械に関係する教科書に，アクチュエータと制御に関する説明があります．

4.1 モータの基礎

3.2節で述べたように，ロボットの関節にはモータが取り付けてあり，そのモータはバッテリーから送られてくる電気エネルギーを運動に変えます．ここではその原理について学びます．

1 磁石と磁界

紙の上にまいた鉄粉に，磁石を近づけると，**図4.1**(a)のような模様が現れます．また，そこに磁針をおけば鉄粉の作る模様に沿って磁針が振れます．これは磁気のすじがN極から出てS極に達していることを示していて，磁気のすじを表す仮想の線を**磁力線**と呼び（同図(b)参照），磁気的な力のはたらく空間を**磁界**と呼びます．なお，約束事として，磁力線の向きは「N極から出てS極に向かう」と決められています．また，異なった極どうしは互いに引き寄せあうという性質があるので，磁針の極は，磁石のN極を向いているほうがS極で，磁石のS極を向いているほうがN極です．このことは，「同じ極どうしは互いに反発する」と表現することもできます．

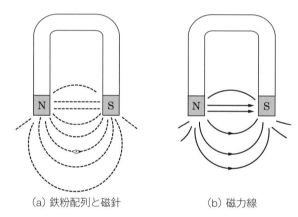

(a) 鉄粉配列と磁針　　(b) 磁力線

図4.1　磁石の磁気

2 電流による磁界

磁気は電流によっても発生します．紙に穴をあけて導線を通し，紙の上に鉄粉をまき，導線に電流を通します．すると**図4.2**のように，鉄粉は導線を中心とした同心円状の模様を描きます（同図(a)）．また，紙の上に磁針を置くと，磁針は模様に沿った方向を向きます（同図(b)）．

このことから，次のことがわかります．

① 電流のまわりに磁力線が同心円状に発生する．
② 磁針のN極とS極の方向から，磁力線の方向が右回転である．
③ 電流の方向と磁力線の方向の関係は，右に回すと前に進むネジ（右ネジ）のネジの進む方向が電流の方向で，ネジが回る方向（右回り）が磁力線の方向である（右ネジの法則）．

すなわち，右手の親指を電流方向に向けて導線を握ったとき，ほかの指の方向が磁力線の方向を

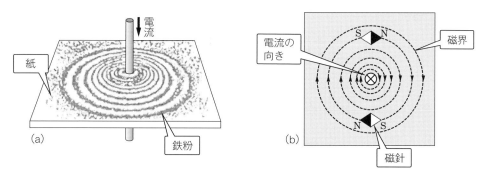

図 4.2　電流と磁力線

表す形となります．これを右手の法則と呼びます．

　コイルに電流を通すと，一つひとつの巻線に磁界が生じますが，隣り合う巻線の間では磁界の方向が互いに反対となる部分が生じるので，この部分の磁界は互いに打ち消し合い，コイル全体として生じる磁界はコイルの内側を貫通して，外に流れ出るような形になります．磁力線が流れ出る側がN極になります．コイルに流れる電流の向きに右手の親指以外の指を向けてコイルを握ると，親指が磁界の向きと一致します（**図 4.3**）．この磁界内に鉄片を置けば，鉄片は磁力線の作用を受けてコイルに引き寄せられます．鉄心にコイルを巻いて電流を流すと，鉄心は磁化され，強い磁石になります．これを**電磁石**といい，電磁石のN極とS極について電流の流れる方向の関係は，図 4.3と同じです．

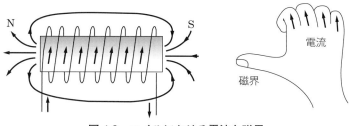

図 4.3　コイルにおける電流と磁界

3　磁界内の電流

　N極とS極の間にある磁界内に，導線を置き電流を流すと，導線が力を受けます（**図 4.4**）．同図では，N，S極間の磁力線と，電流によって生じる磁力線とがありますが，電流より上側の部分では，これらの磁力線の方向が同じであるため全体として強められ，磁力線が多くなることになります．電流の下側では，磁力線の方向が互いに反対であるため相殺して弱められ，磁力線が少なくなります．その結果，磁力線の多い側から少ない側に向けて力がはたらき，導線（電流）を下側に押し下げることになります．このとき，左手の親指，人指し指，中指を相互直角にして，人指し指を磁力線方向，中指を電流の方向にとると，親指は導線（電流）にはたらく力の方向を示します．これを**フレミングの左手の法則**と呼びます．

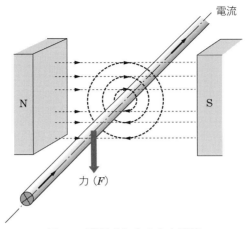

図 4.4 磁界内におかれた電流

 高校教科書で学ぶロボット① モータの基礎

高等学校向け教科書では，「4.1 モータの基礎」に関連する項目として，次のような内容が解説されています．

◆ **磁　界**

磁石にN極（正極，＋極）とS極（負極，－極）があり，異種の磁極間では吸引力が，同種の磁極間では反発力がはたらく．磁気的な力がはたらく空間を**磁界**（磁場）という．同じ強さの磁極を，真空中で1m離しておいたとき，その間に 6.33×10^4 N の力がはたらくような磁極の強さを1Wb（ウェーバ）とする．

◆ **磁束密度**

1Wbの磁極から出ている磁力線を1本として，これを**磁束**という（したがって，1Wbの磁極から出ている磁束は1Wbである）．断面積 $1\,\mathrm{m}^2$ 当たりの磁束を**磁束密度**という．磁束密度はBで表し，単位はT（テスラ）である．

◆ **電流と磁界**

右ネジの進む向きに電流を流すと，右ネジの回転方向に磁界が発生する．これを，**アンペアの右ネジの法則**という．電流の向きは，本文図4.2でいうと，紙面の表から裏へ向かう場合⊗で、紙面の裏から表に向かう場合は⦿で表すと便利である．

◆ **コイル**

導線を筒状に何回も巻いたコイル（**ソレノイド**）に電流を流すと，コイル内部を通って外へ流れる磁界が発生する．磁界の向きは，本文図4.3に示すような親指の方向と同じである．これを右手の法則という．

◆ **電磁力**

磁界内で電流を流すと，電流に力がはたらく．この力を**電磁力**という．磁束・電流・電磁力の向きの関係は，次頁の図左側のようになる．これをフレミングの左手の法則といい，電磁力は次のように計算

される．この現象は，モータに応用される．

電磁力の大きさ〔N〕＝磁束密度〔T〕×電流〔A〕×磁界内の電線の長さ〔m〕

◆ 電磁誘導

導線が横切る磁束密度が変化するように，導線を磁界のなかで動かすと，導線に起電力が生じ，電流が流れる．この現象を**電磁誘導**といい，起電力を**誘導起電力**という．磁束の向き・導線の動きの向き・誘導起電力の向きの関係は，下図右のようになる．これを**フレミングの右手の法則**という．この現象は発電機に応用される．

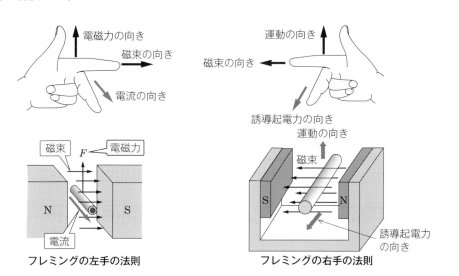

フレミングの左手の法則　　　フレミングの右手の法則

4.2 さまざまなモータ

電気エネルギーを機械エネルギーに変換するモータは，その制御方法や動作原理によってさまざまな種類があります．以下に回転アクチュエータの代表であるモータをいくつか紹介します．

1 直流モータ

図4.5のように，電流が互いに反対方向に流れるように長方形のコイルを作り，N極とS極の磁界のなかにおいて電流を流すと，コイルはフレミングの左手の法則によって，互いに逆方向の力を受け，回転します．この回転力を利用したものが**直流モータ**です．コイルに流れる電流の方向は，整流子のはたらきで半回転ごとに切り換わりますが，磁石から見れば，いつも同じ方向に電流が流れている状態が維持されます．

長方形のコイルの代わりに，コイルを巻いた鉄片（鉄心）を置いて電流を流せば，鉄心は電磁石になり，電磁石のN・S極は磁石のN・S極から，吸引力と反発力を受けて回転力が発生します（**図4.6**）．このように，電流にはたらく力または電磁石にはたらく力によって，モータは回転します．

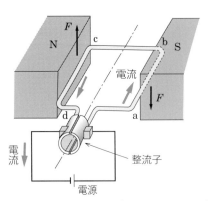

図 4.5 直流モータの原理（コイルにはたらく力）　　図 4.6 直流モータの原理（電磁石にはたらく力）

　直流モータの回転数は，負荷が一定のとき，電源の電圧に比例します（**図 4.7**）．電圧の調整は，回路内の抵抗の増減で可能ですが，スイッチングによって行う方法もあります．

　電源が ON になった状態では，一定の電圧で電流が流れ続けます．しかし，同じ電圧でもパルス状に加えると，実効電圧は減少します．パルスの幅を変えて電圧を加え，実効電圧を変化させて，回転速度を制御する方法を **PWM（パルス幅変調）制御** といいます（**図 4.8**）．パルス幅制御は，コンピュータを使って行います．

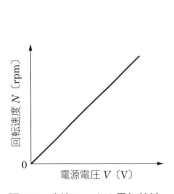
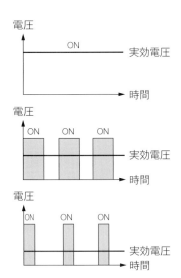

図 4.7 直流モータの電気特性　　図 4.8 PWM 制御パルス幅と実効電圧

　直流モータには，小型で大出力という特徴があります．**図 4.9** に示す模型工作用直流モータは，5 000 rpm（rpm：1 分間における回転回数を表す単位）以上もの高い回転数で運動します．そのため，直流モータの動力を利用した機器を作る場合，通常，歯車機構などで減速させる必要があります．

　直流モータは，入力端子に与える電圧を変化させることで，回転数を変化させることができます．もっとも，マイコンに大電流を流すことはできないので，マイコンから直接，電源をとって大容量の直流モータを動かすことはできません．マイコンを使って直流モータを動かすためには，トランジスタなどの半導体部品で別の回路を作る必要があります（**H ブリッジ回路** などと呼ばれます）．

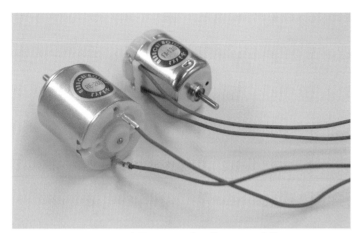

図4.9　直流モータ（マブチモータ製）

　通常の直流モータは，回転角度を制御することができません．そのため，単独では複雑な運動パターンをさせることには適していません．通常は角度を検出するセンサと組み合わせて用います．センサについては「Chapter 5 センサ」で詳述します．

2　ステッピングモータ

　ステッピングモータの原理は，**図4.10**のようになっています．固定子が6のコイルからなり，回転子は4個の凸形状があります．スイッチS_AをONにすると，コイルAとA′が磁化して，近くにある回転子の凸を引き寄せます．スイッチS_AをOFFにして，スイッチS_BをONにすると，コイルB，B′が磁化して，近くにある凸を引き寄せます．このように，スイッチをS_A→S_B→S_Cの順に切り替えると，そのつど一定角度ずつ回転します．スイッチをS_C→S_B→S_Aの順に切り替えると，回転は逆方向になります．スイッチの切替えの代わりに，コイルにパルス電流を流すと，回転子はパルスの数だけ回転します．1パルスで回転する角度を**ステップ角**といいます．

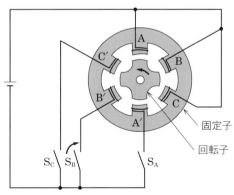

図4.10　ステッピングモータの原理

　ステップ角は，固定子のコイルの数と回転子の凸の数が多いほど小さくなり，停止位置のコントロールの精度も高くなります．一般的には，コイル部の先端や回転子凸部の先端に歯を付けて，ステップ角を小さくする方法がとられています．

図 4.11　ステッピングモータ（多摩川精機製）

図 4.11 は，ステッピングモータの外観です．小型なものはプリンタやコピー機などに使われており，大型のものは工作機械などの産業機械に使われています．

ステッピングモータを制御するためのマイコン回路やプログラムは，やや複雑になりますが，正確な回転運動を必要とする場合にとても便利なモータです．

3　交流モータ

a）誘導モータ

図 4.12 のような円筒形の永久磁石を時計方向に回転させて回転磁界を作ると，そのなかにある静止したコイルに対しては，磁束が移動することになるので，コイルには電流が流れます．このコイルの電流は，磁界のなかを流れるので，コイルには回転力がはたらきます．誘導電流はフレミングの右手の法則に，回転力はフレミングの左手の法則に従うので，磁界の回転方向と回転子の回転方向は同じ方向になります．永久磁石を回転させる代わりに，電気的に回転磁界を作り，回転子を回転させるのが**誘導モータ**です．

代表的な誘導モータに，**三相誘導モータ**があります．**図 4.13** (a) のような，6 個のスロットを

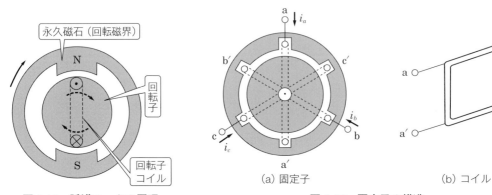

図 4.12　誘導モータの原理　　　　図 4.13　固定子の構造

もった鉄心に，同図 (b) のような 3 組の端子 (a-a′, b-b′, c-c′) をもったコイルを埋め込んで，端子 a′ b′ c′ を結線して，端子 abc から三相交流を流します．こうすると，コイル a には電流 i_a，コイル b には電流 i_b，コイル c には電流 i_c が流れ，各電流の相変化に合わせて各コイルの電流が変化するため（**図 4.14**），結果として回転磁界が発生します．この回転磁界により，鉄心内部の回転子は回転します．回転子は，円筒状の鉄心の外側に溝を作り，アルミニウム合金を埋め込んで，両端を短絡した構造にして，誘導電流が流れるようになっています．三相誘導モータの構造を，**図 4.15** に示します．

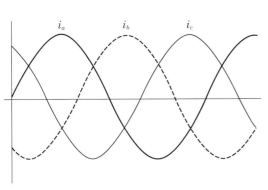

図 4.14 各コイルに流れる電流

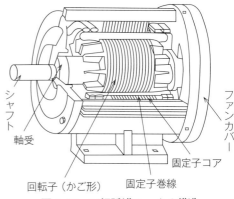

図 4.15 三相誘導モータの構造

回転磁界の回転速度（同期速度）は，次式のように，交流の周波数と N 極と S 極の数によって決まります．

$$N_s = \frac{120f}{P}$$

ここで，N_s：同期速度〔rpm〕，f：周波数〔Hz〕，P：N 極と S 極の数の和です．電磁誘導が生じるためには，回転子の回転速度 N〔rpm〕が同期速度 N_s より遅いことが必要です．両者の速度の差 ($N_s - N$) と同期速度 (N_s) の比をすべり (s) といい，次式で表されます．

$$s = \frac{(N_s - N) \times 100}{N_s} \text{〔\%〕}$$

b）同期モータ

誘導モータと同じように，回転磁界により回転力を得ますが，回転子が磁石で作られたものを**同期モータ**といいます．同期モータでは，固定子と回転子の異極間の吸引力によって，回転磁界と同じ方向に，同じ速さ（同期速度）で回転します．

c）交流モータ

これら誘導モータや同期モータなどを，**交流モータ**と総称します．とくに同期モータは，ブラシによる粉じんや火花がなく安全で，メンテナンスの負担が軽いので，産業用ロボットや NC 工作機械などに用いられます．

高校教科書で学ぶロボット② さまざまなモータ

高等学校向け教科書では，「4.2 さまざまなモータ」の内容に関連する項目として，次のような内容が解説されています．

◆ コイルにはたらく力

下図のようなコイルが磁界内にあり，電流を流すと，コイルのa-b間とc-d間に，同じ強さで互いに逆向きの力がはたらき，コイルは回転する．

この回転力を**トルク**という．トルク〔N・m（ニュートン・メータ）〕は次のように表される．

　　トルク〔N・m〕＝磁束密度〔T〕×電流〔A〕×磁界内の電線の長さ〔m〕×コイルの幅〔m〕

コイルの巻数が n 倍なら，トルクも n 倍となる．

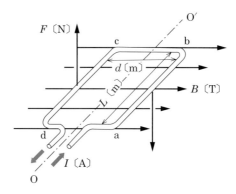

◆ 三相交流

下図 (a) のように，3個のコイルを120°ずらして磁界内に配置し，回転させると，それぞれのコイルに起電力が発生する．コイルは磁界に近づき遠ざかる運動をするので，それぞれのコイルの起電力は，ゼロ→プラス→ゼロ→マイナス→ゼロのように変化する．各コイルの起電力の関係は下図 (b) のように位相が $2\pi/3$〔rad（ラジアン）〕ずつずれているので，各起電力（e_a, e_b, e_c）の和は常にゼロである．これを**三相交流**という．実際に発電所で発電されるのは三相交流である．

電線は2本×3＝6本必要のように思えるが，起電力の和がゼロ，したがって電流の和もゼロであるので，3本で結線が可能である．

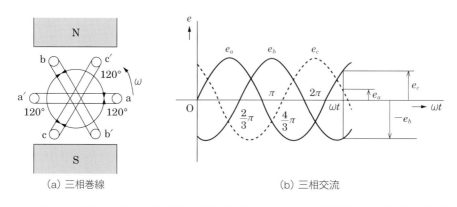

　　　　(a) 三相巻線　　　　　　　　　　　　(b) 三相交流

4.3 サーボシステム

1 サーボシステムの基本構成

サーボシステムという用語は，広義にはフィードバックシステムを指して用いられますが，狭い意味で用いられるときは，「物体の位置，方位，姿勢などを制御量（出力）とし，目標値（入力）の任意の変化に追従するように構成された自動制御系」という定義になります．

図4.16に示すシステムは，サーボシステムの原理的な説明図です．システムのおもな構成要素は，2個のポテンショメータ (1) と (2)，直流増幅器，サーボモータと回転負荷です．2個のポテンショメータの役割は，目標値 θ_1 と負荷 θ_2 の回転角との差を検出することです．**ポテンショメータ**は回転式の可変抵抗器で，モータを止めたい位置を人間がポテンショメータ (1) でセットします．ポテンショメータ (2) はサーボモータが回転するとその回転量につれて抵抗値が変化します．

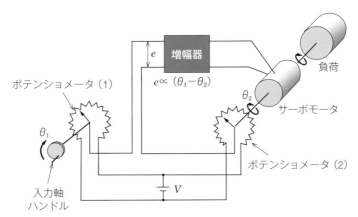

図 4.16 サーボシステム（アクチュエータの駆動と制御）

θ_1 と θ_2 に差があると，二つのポテンショメータの抵抗値に差が生じ，この差に比例した電圧 e が増幅器に入力されます．増幅器からは e に相当する電圧が出力され，その電圧によって，サーボモータは差が減少するように回転します．目標とする $\theta_1 = \theta_2$ の状態に達した時点でサーボモータは停止します．

図 4.16 に示されるサーボシステムは，一般に**図4.17**のようなブロック線図によって表すことが

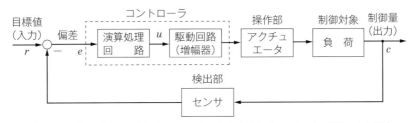

図 4.17 サーボシステムのブロック線図（アクチュエータの駆動と制御）

できます．サーボシステムは，制御対象である負荷，操作部であるアクチュエータ，制御動作（または制御アルゴリズム）に従って演算処理を行いパワー増幅をするためのコントローラ，および検出部であるセンサを要素として構成されます．すなわち，アクチュエータはサーボシステムの主要構成要素です．センサは，制御量の時々刻々の変化を検出し，それを電気信号などに変換して，入力側にフィードバックするために用いられます．

フィードバック制御では，偏差 e を 0 または最小にするようにコントローラが構成されています．アクチュエータを制御するためのシステムは，フィードバック制御系を備えているのが通常です．フィードバック制御系は**閉ループ系**ともいいます．これに対してフィードバックループがない制御系が**開ループ系**です．一部のアクチュエータ（たとえば，ステッピングモータ）では，この開ループ方式による制御も用いられています．

2　R/C サーボモータ

サーボモータのなかで日常的に最もよく目にするものが，**図 4.18** に示すラジコン模型用（R/C）サーボモータです．**R/C サーボモータ**は，樹脂や金属製のケースに，直流モータ，制御回路，減速歯車機構および回転角度を検知するための機構（可変抵抗器など）が内蔵されています．

R/C サーボモータは，内部の減速歯車機構によって，比較的大きい駆動トルクが得られるという特徴があります．種類も豊富で，パルス信号によって回転角度を決めることができて，マイコン制御をかんたんに行うことができます．また，専用の R/C 受信機を使用することで，無線操縦（ラジコン）による取扱いがかんたんにできます．

図 4.18　R/C サーボモータ（双葉電子工業製）

高校教科書で学ぶロボット③ サーボシステム

高等学校向け教科書では,「4.3 サーボシステム」に関連する項目として,次のような内容が解説されています.

◆ フィードバックのしくみ

フィードバック制御は,制御量の値を入力側に戻して,目標値と比較・訂正を行う制御方法である.フィードバック制御は閉ループであり,一般的な構成は下図のようである.

まず,目標値を設定して,基準入力信号を比較器に送る.しかし,外乱により,制御対象の制御量と目標値が一致しない.そのため比較器は,基準入力信号とフィードバック信号を比較し,その差を制御動作信号として制御部に送る.

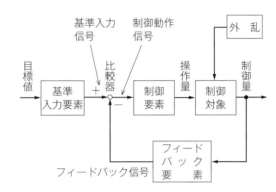

◆ 直流サーボモータによるデジタルサーボ機構

閉ループ制御は,アナログフィードバックとデジタルフィードバックがあるが,直流サーボモータによるサーボ機構は,デジタルフィードバックで構成されることが多い(下図).位置制御部・速度制御部・駆動回路部・内界センサ部から構成されている.センサ部からの位置データ信号と速度データ信号を受けて,フィードバック制御が行われる.

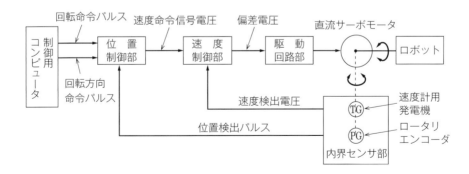

◆ ステッピングモータによる制御

ステッピングモータは,パルス信号の数に応じてステップ角単位で回転を行わせ,回転角を制御する.加えるパルスの周波数によって回転速度が変化する.すなわち,低周波パルスでは低回転であり,高周波パルスでは高回転となる.ロボットの腕などを目的の位置に移動させる場合,低速度で始動し,

次第にパルス間隔を小さくして速度を上げ，目的の速度が得られたら等速運転を行う．目的位置に近づいたらパルス間隔を広げ減速し，目的位置で停止する．パルス間隔はコンピュータを用いて変化させる．

4.4　運動と力

モータは回転運動をしますが，この回転運動をいろいろな機構を使って，たとえば「魚ロボットのひれを動かす」など，ほかの運動に変換することができます．以下，運動形式の変換方法や，モータの選定などに必要となる「力」や「トルク」について解説します．

1　回転運動と往復運動

運動の形式は，回転運動と往復運動があります．最近のマイコン機器やロボットなどでは，往復運動を利用することが多くなっています．そのため，**図 4.19** から**図 4.21** に示すような，回転運動を往復運動に変換する機構が利用されます．

図 4.19 の機構は**クランク機構**といい，回転運動をする**クランクディスク**と往復運動をする**スライダ**を**連接棒**（**コネクティングロッド**）で接続した機構です．回転運動を往復運動に変換する代表

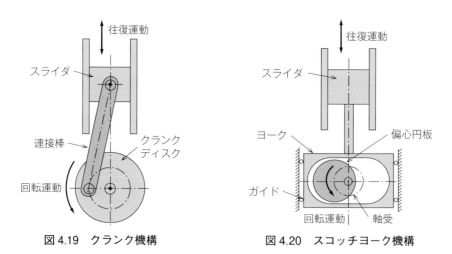

図 4.19　クランク機構　　　　図 4.20　スコッチヨーク機構

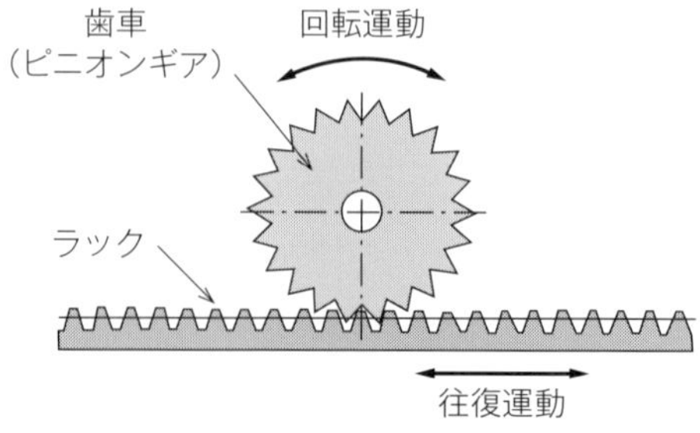

図 4.21　ラックアンドピニオン機構

的な機構の一つです．

　図 4.20 の**スコッチヨーク機構**は，偏心した円板を回転させて，ヨークを往復運動させる機構です．ヨークに直動ガイドを取り付けることで，正確な直線運動を得ることができます．

　図 4.21 の**ラックアンドピニオン機構**は，回転する歯車（**ピニオンギア**）と直線状に歯を取り付けたラックと呼ばれる部品を組み合わせた機構です．

2　力，トルク，出力

　モータを選定する場合，あるいは動力伝達機構を設計する場合，必要な力の大きさやトルク出力を知ることが重要になります．

a）力

　力は，N（ニュートン）または kgf（キログラム重）という単位で表されます．1 N は「$1\,\text{m/s}^2$ の加速度で，質量 1 kg の物体を運動させるときの力」と定義されています．地上では約 $9.8\,\text{m/s}^2$ の重力加速度（g で表し，$1g = 9.8\,\text{m/s}^2$）がはたらいているため，質量 1 kg の物体は下向きに 9.8 N（$=1\,\text{kgf}$）の力を受けていることになります（**図 4.22**）．

b）トルク

　トルクは，回転力の大きさを表す指標として使われ，「力×長さ」の形で N・m または kg・cm という単位で表されます．**図 4.23** に示すように，モータにプーリを取り付けて，質量 m〔kg〕のおもりを引き上げる場合，回転軸のトルク T_q〔N・m〕は，おもりにはたらく重力 F〔N〕とプーリ半径 R〔m〕との積（$T_q = F \cdot R$〔N・m〕，なお $F = mg$〔N〕）で表されます．市販のモータや動力伝達部品のカタログには，最大トルクあるいは定格トルクの値が明記されてあり，それ以上のトルクがかかる場所では使用できません．

c）出力

　出力は，1 秒間あたりの仕事（＝力×距離）を表していて，W（ワット）という単位で表されます．出力 W は，毎秒あたりの回転数 f〔Hz〕とトルク T_q〔N・m〕より，$W = 2\pi T_q f$ のように求められます（**図 4.24**）．一方，モータなどの消費電力は，電圧〔V〕と電流〔A〕の積（消費電力〔W〕＝電圧〔V〕×電流〔A〕）で求められ，出力と同様，W（ワット）の単位が用いられます．モータで機械を動かす場合，モータの消費電力が機械を動かす出力よりも上回るようなモータを選定します．ここで，Hz とは 1 秒間の回転数の単位（f〔回転/秒〕）です．

3　リンク機構

　リンクとは，端部に支点のある棒状のものです．そして**リンク機構**とは，複数のリンクを組み合わせて運動を伝達するものです．リンクの長さや支点の位置を変えることで，運動の軌跡や速度，向きを調整することができます．いろいろなリンク機構があり，**図 4.25**（a）は同じ運動を伝達する場合，同図（b）は運動を増速する場合，同図（c）は減速する場合，同図（d）は運動の向きを変える場合のリンク機構です．

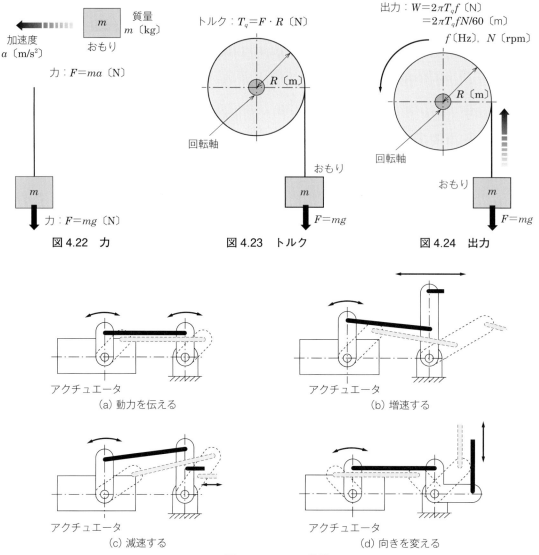

図 4.22 力　　図 4.23 トルク　　図 4.24 出力

(a) 動力を伝える
(b) 増速する
(c) 減速する
(d) 向きを変える

図 4.25 リンク機構

高校教科書で学ぶロボット④ 運動と力

高等学校向け教科書では，「4.4 運動と力」の内容に関連する項目として，次のような内容が解説されています．

◆ 機　構

機械が動くためには，いくつかの対偶（機械要素の二つの組合せ，たとえば軸と軸受の組合せで，**回転対偶**という）が，順につながって力や運動を伝える必要がある．対偶がつながったものを**連鎖**という．

力や運動を伝える役割をする部材を**節**という．節は力に対する変形のしかたによって，次ページの表のように分類される．

節の材料	伝達する力	節の例
剛性固体	引張力，圧縮力，回転力	リンク，ロッド，軸
撓性固体	引張力	ベルト，ロープ
流体	圧縮力	水，油，空気，蒸気

連鎖は，対偶や節の種類と数により，いろいろなものがある．下図は回転対偶で作られた4節連鎖であり，各節の相対運動が可能である．連鎖の一つの節を静止フレームに固定したものを，**機構**という．

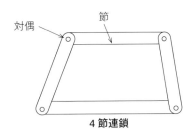

4節連鎖

4.5 その他のアクチュエータ

アクチュエータは，モータのように回転するものだけではありません．**直動アクチュエータ**といわれるまっすぐに動くものや，振動するものがあります．ここではそれらを紹介しておきましょう．

1 直動アクチュエータ

直動アクチュエータとして，空圧シリンダを使用するものがあります．その基本構造を**図 4.26**に示します．

空圧シリンダは，円筒（シリンダ）に空気（油圧の場合は油）を送り込みピストンの位置を変化させる機構であり，位置は送り込む空気の圧力によって変化します．機構は非常にかんたんであり，ピストンの先にロッドを取り付け，直動アクチュエータとして用いることも，ロッドとクランクを取り付け回転アクチュエータとして用いることもできるため，非常に利便性の高いアクチュエータです．しかし，高圧力を生み出すためには大きい圧縮装置（**コンプレッサ**）が必要です．現状の技術では，小さいコンプレッサで高圧力を得るのは難しく，このアクチュエータをロボットに用いるとコンプレッサの分だけシステムは大きくなってしまいます．逆に，大きいコンプレッサを置く場

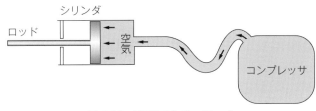

図 4.26　直動アクチュエータ

所さえ確保できれば，非常に大きな力をもち，直動ゆえに自然な動きのロボットを空圧シリンダで実現できます．

2 振動アクチュエータ

振動アクチュエータの代表として，**圧電素子**があります（**図4.27**）．

圧電素子は，素子に加えられた力を電圧に変換する，または加えられた電圧を力に変換する圧電効果を利用した素子です．材質はチタン酸バリウムなどのセラミックの結晶体で，結晶に電圧を与えるとひずみが生じます．1 000 000 V/m の電界を与えると，全長に対して，0.001 程度のひずみが生じます．この性質を利用したものに，超音波モータや電子ブザーがあります．また，ひずみを与えると電圧が発生する性質を利用したものに，ジャイロセンサ，振動センサがあります．

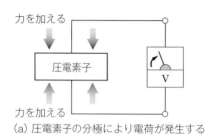
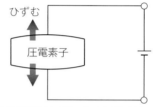

(a) 圧電素子の分極により電荷が発生する　　(b) 圧電素子に印加すると素子がひずむ

図4.27　圧電素子

 高校教科書で学ぶロボット⑤　その他のアクチュエータ

高等学校向け教科書では，「4.5 その他のアクチュエータ」に関連する項目として，次のような内容が解説されています．

◆ **空気圧式アクチュエータ**

空気圧を利用した動力装置を，**空気圧式アクチュエータ**という．空気圧式アクチュエータには，空気圧シリンダや空気圧モータがある．空気圧シリンダは密閉された容器のなかで，圧縮空気によりピストンを移動させ，ピストンに連結されたピストンロッドで外部に力を取り出す．圧縮空気の出入り口（ポート）が両端にあり，ピストンが双方向に移動するものを**複動シリンダ**という．ポートが一つで，ピストンの戻りにはばねなどを利用するものを**単動シリンダ**という．また，ピストンロッドがシリンダの片側だけにあるものを**片ロッドシリンダ**，両側にあるものを**両ロッドシリンダ**という．次ページの図は，片ロッド複動シリンダの例である．

空気圧シリンダのピストンロッドの出力は，次の式で表される．

出力〔N〕＝空気圧〔MPa〕×ピストンの面積〔mm²〕

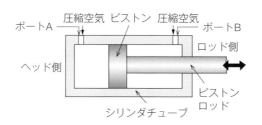

油圧式アクチュエータ

油圧式アクチュエータには，**油圧シリンダ**，**油圧モータ**などがある．油圧シリンダは，油圧による直線運動を利用するものである．土木建設機械から制御装置の各部に使用されている．油圧モータは，油圧による回転運動を利用するもので，コンクリートミキサやウインチなどの大きな力を必要とする部分に使用されている．油圧式アクチュエータは，空圧式アクチュエータに比べ，次のような利点がある．

- 小型の装置で大きな力が得られる．
- 位置決めや速度の制御が精度よく行える．
- なめらかに作動する．

圧電アクチュエータ

水晶やロッシェル塩（酒石酸カリウムナトリウム）などの結晶に力を加えると電圧が生じ，結晶に電圧を加えると変形が生じる現象を**圧電効果**という．この現象を利用したアクチュエータを，**圧電アクチュエータ**という．圧電材料は，一度高い電圧をかけると，分極（電荷が偏って存在する現象）が起こり，圧電効果を発揮するようになる．圧電効果をもった素子を**圧電素子**という．

圧電素子に，分極方向に電圧を加えると，電圧を加えた方向に伸び，直角方向に縮む．電圧を分極と逆方向に加えると，逆の変形が起きる．圧電素子に高周波交番電界を加え，機械的共振を利用したアクチュエータに，**超音波モータ**がある．超音波モータは，リング状の圧電素子膜に弾性リングを貼り付け，弾性リングに回転子を加圧して配置してある．圧電素子に交番電界を加えると，圧電素子が伸び縮みして，弾性リングが変形し進行波が生じる．弾性リングの先端部は進行波と逆方向の楕円運動をしており，これにより回転子が回転する．

超音波モータは高周波電源を必要とするが，小型・軽量で応答速度が高く，制御性に優れているので，カメラの自動焦点装置などに使用されている．

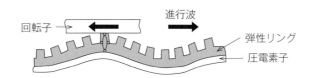

ソレノイド

ソレノイドは，電磁石の吸引力を利用したものである．機械的直線運動を直接利用するほかに，空気圧または油圧装置を制御する電磁弁としても利用される．次ページの図にその作動原理を示す．中空のコイルに電流を流すと，コイルのなかにある可動鉄心（**プランジャ**）は，コイルの中心部に引かれる．その結果，左側部分にはものを引く力が，右側部分にはものを押す力が生じる．引く力を利用するものを**プル型**，押す力を利用するものを**プッシュ型**という．電流を遮断すると，ばねの力でもとの位置に戻る．ソレノイドを鉛直に取付け，重力を利用して可動鉄心をもとへ戻す場合もある．可動鉄

心の利用可能な移動距離を，**ストローク**という．

ソレノイドには，直流を利用する**直流ソレノイド**と交流を利用する**交流ソレノイド**がある．コイルに加える電圧は，直流で数Vから100V程度，交流では100Vか200Vである．鉄心を吸引する力は電圧の2乗に比例するので，利用するときは電圧の変動に注意する必要がある．

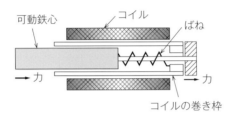

◆ 形状記憶合金

一般の金属は弾性変形領域内で力を加えると変形し，力を取り除くともとの状態に戻る．しかし，弾性変形領域以上の力を加えると塑性変形が生じて，力を取り除いてももとの形状には戻らない．一方，ニッケル・チタン合金や銅・亜鉛・アルミニウム合金は特殊な熱処理を行うと，高温時に作られた形状を記憶することができる．すなわち，弾性変形領域以外での変形が生じても，力を取り除き加熱することによってもとの形状に戻る．このような金属を**形状記憶合金**という．

金属は，金属原子が規則正しく並んで，結晶構造を形成している．結晶に力を加えた場合，結晶のようすは下図の (b) のように原子の位置が移動して変形する場合と，(c) のように結晶の形が変形する場合がある．前者の結晶変形現象を**拡散変態**，後者を**マルテンサイト変態**という．マルテンサイト変態はある温度以下で起こり，温度が上がるともとの結晶構造に戻る性質がある．形状記憶合金は，ある温度以下で変形した場合にマルテンサイト変態が増え，変形したあと温度を上げると結晶構造が変形前の状態に戻り，形状ももとの形に戻る．

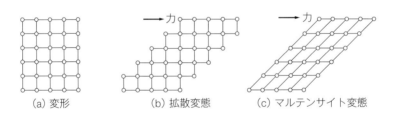

下図はロボットなどに使用されている形状記憶合金素子である．常温ではバイアスばねの力で可動部は右側にあるが，形状記憶合金に電流を流すと温度が上がり，形状記憶合金がもとの形状に戻ろうとして伸びて可動部を左に動かす．

形状記憶合金は，センサとアクチュエータの機能をもっており，冷暖房ルームエアコンの吹き出し口の自動調整や，電気炊飯器の蒸気圧調整弁その他に使用されている．

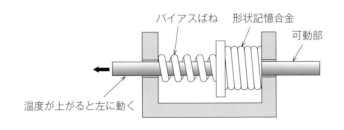

Chapter 5
センサ

5.1 センサの概要
5.2 外界センサ
5.3 内界センサ

おもな内容
- センサの種類
- 外界センサの種類としくみ（視覚センサ，タッチセンサなど）
- 内界センサの種類としくみ（角度センサ，ロータリエンコーダなど）

対応する高等学校の教科書
- 電子機械に関係する教科書に，検知する物理学現象に従って分類した各種センサの特徴，基本構造，選定基準などの説明があります．

5.1 センサの概要

センサは，大きく分けると，ロボットの内部状態を知るための**内界センサ**と，ロボットの周囲の状況を知るための**外界センサ**，さらにロボット自身が周囲の状況を知り，自分がどのような状態にあるのかを知る**相互作用センサ**の三つに分けることができます．ロボットの動作を制御するために最低限必要なセンサは，関節角度センサなどの内界センサですが，周囲の状況はロボットの動作に不可欠な要素であるため，外界センサもロボットの基本システムとして非常に重要です．

周囲の状況を知ることは，ロボットにとって非常に重要ですが，ロボットだけでなく，さまざまな分野においても重要度が高いものです．たとえば，身近なところでは，天気予報などでよく耳にするアメダス（AMEDAS；Automated Meteorological Data Acquisition System）にも気温，風向，風速，降水量，日照などを計測するためのセンサが用いられています．そのため，センサ開発の歴史はロボットよりも長く，すでにさまざまな種類のセンサが開発されています．そのなかで，ロボットによく用いられている代表的なセンサを**表5.1**にまとめます．

表5.1 ロボットに用いられることが多いセンサ

角度変位情報	ポテンショメータ，光学式・機械式ロータリエンコーダ，レゾルバ（リミットスイッチ）
距離情報	超音波距離センサ，レーザレンジファインダ，赤外線距離センサ
音声情報	コンデンサマイクロフォン，ダイナミックマイクロフォン
視覚情報	CCDカメラ，CMOSカメラ，撮像管（シリコンフォトダイオード，硫化カドミウムセル（CdS）
触覚情報	タッチセンサ（スイッチ），感圧導電ゴム，ポリフッ化ビニリデン（PVDF），光ファイバ圧力センサ，歪ゲージ
温度情報	白金測温抵抗体，サーミスタ，熱電対

では，ロボットを構築するために，必要となるセンサを考えてみましょう．まずはロボットが遭遇するであろう状況を想定し，検出しなければならない情報を検討します．ロボットはもちろん体を動かさないといけませんから，ロボットの姿勢を知る関節角度が必要となります．また，ロボットはたいていの場合，人間と遭遇し，人間と関わることを期待されますから，人間を検出することは不可欠です．では，なにを使えば人間を検出できるのでしょうか．例として，ATR知能ロボティクス研究所で開発された，コミュニケーションロボット**Robovie-R2**（**図5.1**）がもつセンサを**表5.2**に示します．

表5.2にあるように，Robovie-R2では，視覚，聴覚，触覚，距離感覚，温度感覚を使って人間を検出します．たとえば，視覚からは人間の肌や服の色，あるいは動きを検出することができます．それぞれのセンサで，表5.2にあげたように別々の情報を検出することができるため，すべてを相補的に利用することで，人間の存在あるいは人間の行動の検出確度を向上させることができるのです．まずは，個々のセンサに関してそのしくみを見ていきましょう．

図 5.1　ATR 知能ロボティクス研究所で開発されたコミュニケーションロボット Robovie-R2

表 5.2　Robovie-R2 のセンサとその用途

ポテンショメータ	関節角度計測
光学式ロータリエンコーダ	車輪回転角度計測による自己位置測定
超音波距離センサ	対人対物距離計測
カラー CCD カメラ	顔領域抽出，表情認識など
全方位視覚センサ	肌色抽出，移動体検出
コンデンサマイクロフォン	音声情報計測
タッチセンサ（感圧導電性ゴム）	接触検出
焦電センサ	赤外線変化（温度変化）検出

5.2　外界センサ

1　CCD カメラ（視覚センサ，全方位センサ）

視覚センサの代表的なものとして，**CCD カメラ**があります．CCD は**電荷結合素子**（Charge Cuppled Device）の略であり，かんたんにいうと，光量に応じた電荷を蓄え，それを転送するエレメント（画素）を平面上に縦横に並べた，**図 5.2** のような配列構造（**アレー**という）をしています．たとえば，画素を縦横に 1 000 個ずつ並べたアレーをつくれば，100 万画素の CCD カメラになります．

受光部が光を受けると，光電効果によって表面に電荷が生じます．この電荷を CCD の垂直レジ

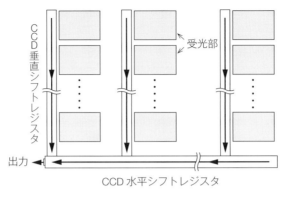

図 5.2　CCD カメラのしくみ

スタ，水平レジスタの順で転送し，出力端子の直前で電圧に変換し電気信号として外部に送ります．電気信号は，映像データとしてメモリに記録されます．最近では，消費電力が小さく，よりコンパクトな CMOS カメラが携帯電話などに利用されています．

　また，ロボットでは通常のカメラ以外に，特殊なカメラが用いられます．最近では，とくに**全方位視覚センサ**（**図 5.3**）が多く利用されています．全方位視覚センサは，水平方向の全周囲 360° の視覚情報をとりこめる，複数の要素で構成された視覚センサです．基本的な構成要素は，全方位ミラー，レンズ，CCD カメラです．周囲の状況は全方位ミラーに映りますが，このミラーに映った映像は，レンズを通して CCD カメラに映像データ（**図 5.4**）として記録されます．

図 5.3　全方位視覚センサ

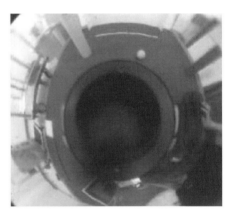

図 5.4　全方位画像

　通常のカメラを用いたロボットでは，ロボットの周囲の状況を把握するために，1 枚 1 枚の情報を並べて，モデルを構築する必要がありますが，全方位視覚センサを用いれば，周囲の状況を瞬時に把握できるため，モデル構築の手間が軽減されます．また，人間を追跡する際にも，全方位の視覚情報があれば，安定して追跡することができます．

　さらに，通常のカメラにおいても，さまざまな工夫がされています．とくに赤外線カメラ（**図 5.5**）は，人間を安定して追跡するために重要です．魚眼レンズや特殊な形状の CCD カメラを用いて，人間の視覚と同様に中心付近で解像度が高く，周辺で解像度が低い特殊な CCD カメラも試作されています．このカメラを用いれば，移動物体の追跡やその動作解析が容易になることが理論的に示

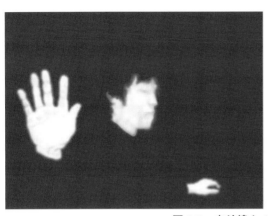

図 5.5　赤外線カメラによる人間の発見

されています．ただし，実用化には製造コストの問題や，コンピュータとのインタフェースの問題など，いまだ数多くの問題点が残っています．

2　マイクロフォン（聴覚センサ）

マイクロフォンは日常的に使ういろいろな装置に組み込まれているなじみの深いセンサですが，ロボットの分野においても，**聴覚センサ**としてマイクロフォンが多く使われています．

代表的なマイクロフォンは，**図 5.6** に示す**静電型**（**コンデンサマイク**）と呼ばれるものです．これは，振動膜と固定電極でコンデンサを形成したものであり，周波数特性がよく，かつ小型にできることが利点です．**周波数特性**とは，マイクロフォンが検出できる周波数の幅を意味します．すなわち，周波数特性がよいということは，周波数の高い音（高い声）から周波数の低い音（低い声）まで検出することができるという意味です．その他の構造としては，**電磁型**（**ダイナミックマイク**）や**圧電型**などがあります．

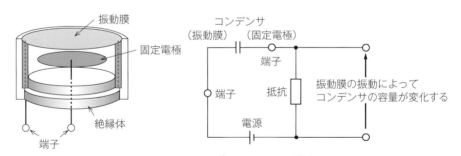

図 5.6　コンデンサマイクの構造

3　タッチセンサ（触覚センサ）

タッチセンサは，ロボットの最も単純な**触覚センサ**として多く利用されています．基本的にはプッシュスイッチで構成されており，プッシュスイッチのバネ係数（バネの強さ）を変更することで，ロボットが移動している際に接触する，さまざまな障害物を検出するセンサとして用いることができます（**図 5.7**）．ただし，このようなプッシュスイッチは機械式のスイッチであるため，大きな

スイッチを作ると，図5.8のように，スイッチがうまく動作しないことが起こります．

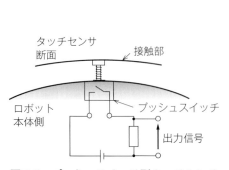
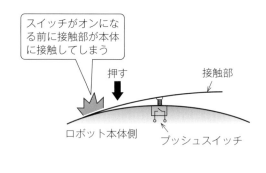

図5.7　プッシュスイッチ型タッチセンサ　　　図5.8　プッシュスイッチで広範囲をカバーするとうまく動作しない

　Robovie-R2では，移動時の障害物検知のために，プッシュスイッチを利用したタッチセンサを足回りに用いています．そして，人間がロボットに触ったことを検出するために，全身に分布させている数多くの接触センサには，感圧導電性ゴムによるスイッチを用いています．そのしくみを図5.9に示します．**感圧導電性ゴム**は，圧力をかけると電気抵抗が小さくなるゴムであり，さまざまな感度の製品があります．また，この感圧導電性ゴム膜を金属膜でサンドイッチにし，金属膜に配線することで，広い面積をカバーすることのできるタッチセンサを作ることもできます．

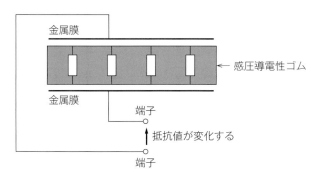

図5.9　感圧導電性ゴムを利用したタッチセンサ

4　超音波センサ（距離センサ）

　コウモリは超音波によって障害物を検出します．この原理を使った**距離センサ**が，ロボットにも使われる**超音波センサ**です．超音波は空気の振動となって伝わっていき，人間などの障害物に振動がぶつかると，その振動の波は反射してきます．水面を伝わる波が，壁に当たって反射してくるのと同じです．このとき，気温に変化がなければ，超音波が空気中を伝わる速さは一定です．

　この超音波を送って，物体に当たって反射波が跳ね返ってくるまでの時間を計測し，超音波を発射した時間との差を求めれば，対象までの距離を測ることができます．図5.10にそのしくみを示します．基本的には，超音波を発生させる部分と，物体に当たって跳ね返ってきた超音波を検出する部分で構成されています．どちらの部分にもマイクロフォンと同じ原理が使われています．すな

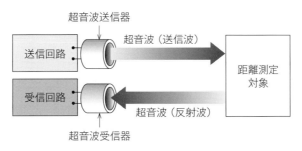

図 5.10　超音波センサのしくみ

わち，小さいスピーカとマイクロフォンの組合せで超音波センサができあがるわけです．このため，超音波センサは小さく安価なセンサとして重宝されています．距離の精度としては，ほかにも優れたセンサがたくさん開発されていますが，使いやすさと安価に入手できるという点では，超音波センサに勝るものはないといってよいかもしれません．

5.3　内界センサ

1　ポテンショメータ（接触式角度センサ）

　ロボットの関節の角度を検出する代表的なセンサに，**ポテンショメータ**があります．Robovie-R2では，このポテンショメータを上半身の関節角度検出に用いています．ポテンショメータのしくみを**図 5.11**に示します．

　図 5.11 (a) は，直進運動するアクチュエータによる機械的な運動を計測するための，ポテンショメータの原理を示しています．アクチュエータの運動は，同図中の可動部と書かれた部分に現れます．実際にアクチュエータが作動すると，この部分が動いて，抵抗値が変化し，出力電圧が変わるようになっています．この電圧の変化を計測すれば，どれくらいアクチュエータが動いたかがわかるわけです．回転するモータの角度を計測するポテンショメータ（同図 (b)）も，原理はまったく同じです．オーディオ機器に使われる音量調整のためのボリュームと同じ原理なので，ポテンショメータはボリュームと同じだと考えてもよいでしょう．

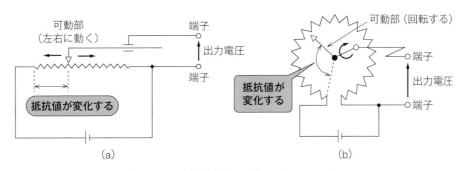

図 5.11　直動と回転のポテンショメータ

ポテンショメータの欠点は，矢印部分が物理的に抵抗と接触しており，接触部の物理的な摩耗がセンサの寿命に大きく影響する点です．長い間使っているとすり減ってきて，正確な値を計測することができなくなります．

そのため，非接触の変位センサもたくさん考案されています．しかし，ポテンショメータはその原理が非常にかんたんで，小型にかつ安価に作れるため，今でもほとんどのロボットで使われています．

2 光学式ロータリエンコーダ（非接触式角度センサ）

光学式ロータリエンコーダは，ポテンショメータと同様に角度を検出するためのセンサです．**図5.12**に示すように，円周上に配置されたスリットにおいて，光が何回通過したかをカウントすることで，角度を検出します．光源としては，おもにLED（発光ダイオード）が用いられます．また，受光素子としては，フォトトランジスタなどが用いられます．ポテンショメータや後述するタコメータは，アナログ出力（電圧など）のセンサであるのに対して，このセンサはデジタル出力のセンサであることが大きな特徴です．

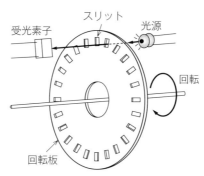

図5.12　光学式ロータリエンコーダ

デジタル出力の光学式ロータリエンコーダでは，角度を計測するために，いくつスリットを通り抜けたかを数えるカウンタが必要になります．角度検出の精度は，スリットの数に依存します．スリットの数が多くなればなるほど，細かい角度を検出することができます．スリットの数に応じて精度が高くなり，非接触であるために摩耗の問題がない光学式ロータリエンコーダは，正確な制御を行う必要がある場合に用いられる角度センサです．もう一つ，光学式ロータリエンコーダがポテンショメータに比べて優れている点は，温度に対する変化です．ポテンショメータに用いられている抵抗は，温度によっても微妙に変化します．一方，光学式ロータリエンコーダは，その温度の問題もありません．

Robovie-R2では，このセンサは車輪を回転させるモータ軸に直接取り付けてあり，ロボットがどのように移動したかを正確に知る目的で用いられています．減速機付きモータのモータの軸に直接光学式ロータリエンコーダを取り付けると，車輪側が1回転する間にモータ側は減速機によって，何十回転もすることになります．そのため，車輪の1回転に対応するスリットの数は減速比の倍数になり，その分，角度の精度は非常に高くなります．

光学式ロータリエンコーダのスリットを通過した光は，パルス信号として取り出されます．図 5.12 の光学式ロータリエンコーダは光源–受光素子が一対ですが（**アブソリュートロータリエンコーダ**といいます），光源–受光素子を二対にして，それぞれからパルス信号（A 相，B 相の 2 相のパルス信号）を得るようにします．このとき，スリットの部分を工夫して，A 相と B 相のパルスが互いに 90°程度ずれるようにしておくと，**図 5.13** のようなパルス信号が得られます．軸が時計回りで回転している場合，先に A 相のパルスが出力され，次に B 相のパルスが出力されます．反時計回りで回転すると，先に B 相のパルスが出力され，次に A 相のパルスが出力されます．2 相のパルスの出力順序を検出することで，軸が現在どちら方向にどれだけ回転しているかという情報を得ることができます．このようなタイプを，**インクリメンタルロータリエンコーダ**といいます．

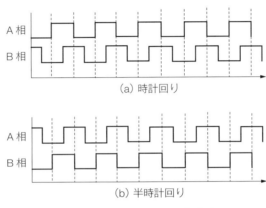

図 5.13　パルス信号と回転方向

③ タコメータ（角速度センサ）

DC（直流）モータは送られてくる電流に比例したトルクを発生しますが，逆にシャフトを回転させると回転速度に比例した逆起電力を発生します．これは，モータに豆電球をつなぎ，モータを手で回すと，豆電球が点灯するという実験によってもよく知られた実験です．**タコメータ**は，この原理を利用して回転速度を電圧として出力する**角速度センサ**です．しくみは，先に述べた DC モータと同じです．

④ ジャイロセンサ（方位角センサ）

ロボットは，自分の位置を知るために，たとえば車輪に光学式ロータリエンコーダを取り付けて，どれくらいの距離を進んだか調べることができます．しかし，車輪はすべることもあって，常に正確に自分の位置を知ることはできません．長い距離を移動すればするほど，最初の位置から比べて，自分が現在どこにいるのかあいまいになってきます．

そのため，ほかのセンサを合わせて用いる必要が出てきます．そのようなセンサとして，**方位角センサ**があります．方位角センサを用いれば，自分の向きが正確にわかります．よく用いられる方位角センサには，**ジャイロスコープ**と**地磁気センサ**があります．ジャイロスコープは，船や飛行機

にも用いられているセンサです．一方，地磁気センサは，方位磁石と同じ原理で，北に対して自分がどちらの方向を向いているかを知ることができます．ただし，地磁気センサは周りに金属があると正確に反応しません．ですから，ロボットなどでは一般に，ジャイロスコープが用いられます．

ジャイロスコープは，構造的に分類すると，内部に回転体をもつものと，回転体をもたないものに大別することができます．ここではまず，内部に回転体をもつものについて，その原理を説明しましょう．これは，地球ごまと呼ばれるおもちゃと同じ原理です．

図 5.14 にジャイロスコープの構造を示します．高速で回転する（通常は，1 分間に 24 000 回転程度の速さ）ジャイロの回転軸は常に一定姿勢を保とうとします．変化しない軸を基準として傾斜に伴う支持枠（ジンバル）の回転角をセンサで検出することで，ロボットの方向がどれくらい変化したかを知ることができます．

内部に回転体をもたないジャイロスコープとしては，**光ジャイロ**があります．光ジャイロは方位の検出原理に**サニャック**（Sagnac）**効果**を用いています．これは，光をループ状の光路に沿って伝搬させるとき，この装置全体が回転していると，左回りと右回りで光がひと回りする時間が見かけ上異なるという効果です．かんたんにいうと，光の伝わる方向に力をかけると速度が変わるわけです．

すでに実用化されている**リングレーザジャイロ**の構造を，**図 5.15** に示します．二等辺三角形のガラスブロック内を，強さが一定周期で変わる 2 方向のレーザ光が反射鏡によって伝搬するしくみになっています．装置全体が光路に垂直な軸の周りに回転すると，左右回りの伝搬光に到達時間差が現れます．この微細な時間差を両方向の光を干渉させて検出します．検出された時間差は，最終的にいくつかの処理を経て，角度に変換されます．

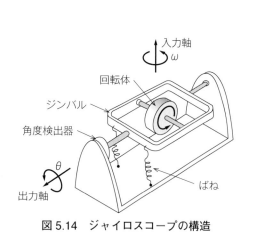

図 5.14 ジャイロスコープの構造

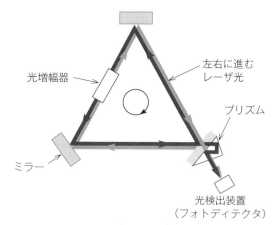

図 5.15 リングレーザジャイロの構造

このリングレーザジャイロをさらに改良したのが，光ファイバジャイロです．光ファイバジャイロは，1 本の光ファイバをコイル状に束ねたもので，リングレーザジャイロと同様の原理によって角度を検出します．そのしくみはきわめて単純で，現在，高い精度が必要な方位角度検出には，この光ファイバジャイロがおもに用いられています．

高校教科書で学ぶロボット⑥ センサ

高等学校向け教科書では，「Chapter 5 センサ」に関連する項目として，次のような内容が解説されています．

◆ センサの分類と種類

センサには，人間の感覚に相当する情報を得るものと，機械量を得るためのものとがあり，それぞれ下表のようなものがある．

(a) 人間の感覚とセンサ

人間の感覚	物理化学現象	被測定量	センサ
視 覚	光（含赤外光）	光量，色，光パルス数	フォトダイオード，太陽電池，フォトランジスタ，CCDイメージセンサ，光電子増倍管
聴 覚	音（含超音波）	音圧，周波数，位相	圧電素子，感圧ダイオード，マイクロフォン
触 覚	接触圧力	圧力，変位，ひずみ	圧電素子，半導体ひずみゲージ，マイクロスイッチ，ブルドン管，ダイヤフラム
温 度	温 度	熱起電力，抵抗変化	サーミスタ，熱電対，測温抵抗体，バイメタル，pn接合半導体
臭覚・味覚	ガス濃度 分子濃度	導電率変化，吸収スペクトル，ガス吸着	半導体ガスセンサ，電気化学式ガスセンサ，接触燃焼式ガスセンサ

(b) 機械量のセンサ

機械量	媒介として用いる測定量	センサ
物体の有無	接点の開閉，遮光，磁束，周波数，空気圧	マイクロスイッチ，光電スイッチ，ホール素子，近接スイッチ
位置，変位，寸法	抵抗値，電圧，パルス数，磁束	ポテンショメータ，差動変圧器，リニアエンコーダ，マグネスケール
圧力，応力，ひずみ，トルク，重量	抵抗値，静電容量	ひずみゲージ（金属，半導体），感圧ダイオード，感圧トランジスタ，ロードセル，ダイヤフラム，ブルドン管，ベローズ
角 度	電圧，抵抗値，符号化デジタル値	シンクロ，レゾルバ，ポテンショメータ，ロータリエンコーダ
速 度	パルスの位相（超音波，レーザ，電磁波），電圧，周波数	超音波センサ，レーザドップラー計，速度計用発電機，弁別器，ロータリエンコーダ
加速度，振動	周波数，電圧	圧電素子，振動センサ（動電形，圧電形）
回転数	周波数，電圧，パルス周波数	弁別器，速度計用発電機，ロータリエンコーダ

機械の外部からの情報を収集し，自らの行動を制御するためのセンサを**外界センサ**，機械自身の内部状況を把握するためのセンサを**内界センサ**という．また，対象に接触させて利用するものを接触型センサ，接触させずに利用するものを非接触型センサという．

◆ 各センサの概要

教科書には，次にあげるようなセンサの原理が図を使って説明されている．

・**機械量検出用センサ**：変位センサ，差動変圧器，ポテンショメータ，ロータリエンコーダ，速度

センサ，ひずみゲージ，加速度センサ，力センサ，圧力センサ
- **物体を検出するセンサ**：マイクロスイッチ，光電スイッチ，近接スイッチ，視覚センサ
- **その他のセンサ**
  - 温度センサ（サーミスタ温度センサ，測温抵抗温度センサ，熱電対温度センサ，焦電形温度センサ）
  - 磁気センサ（リードスイッチ，ホール素子，半導体磁気抵抗素子）
  - 光センサ（光電変換の原理，光導電セル，フォトダイオード，CCD）
  - 超音波センサ（圧電素子）
  - 音センサ（コンデンサマイクロフォン，圧電形マイクロフォン）
  - ロボットハンドのセンサ（触覚センサ，圧覚センサ，すべりセンサ）

これらのセンサのうち，いくつかについてかんたんに紹介する．

差動変圧器：差動変圧器の構造と回路は，下図のようになっている．鉄心の中央に1次コイルがあり，その両側に一対の2次コイルがある．二つの2次コイルは極性が逆になるように接続されているので，これらの電圧 v_{01} と v_{02} の差は，出力電圧 v_o となって現れる．鉄心の位置が中央にあれば，二つの2次コイルの電圧は等しく，出力電圧は0である．鉄心が動くと，その変位に比例した出力電圧が得られる．1次コイルに交流の励磁電圧を供給し，2次コイルに出力電圧を読み取る回路を接続して使用する．

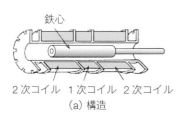
(a) 構造

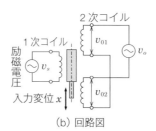
(b) 回路図

光電スイッチ：光電スイッチは，物体の検出を目的として，発光素子と受光素子を組み合わせた非接触型のスイッチである．下図に光透過型と光反射型の例を示す．光を発射する発光部と光を受ける受光部があり，物体が光の通路を遮ったり，光を反射したりすると受光量が変化する．受光量の変化を電気量の変化に変換してスイッチを動作させる．発光部には発光ダイオードが，受光部にはフォトトランジスタが使用される．

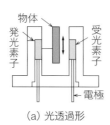
(a) 光透過形

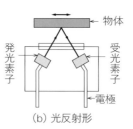
(b) 光反射形

サーミスタ：サーミスタは，温度によって電気抵抗が変化することを利用した感温半導体である．温度に対して安定で温度特性の再現性に優れたものがサーミスタ温度センサとして使用される．材料として，マンガン，ニッケル，コバルトなどの金属酸化物を主成分とし，これらを高温で焼結したものであり，セラミックサーミスタと呼ばれる．構造は，セラミックサーミスタのチップに電極を取付け，保護膜でコーティングしたものである．形状によって，チップ型，ビード型，ディスク型などがあり，次のページに示す図はチップ型である．

温度上昇に伴って，電気抵抗が特定温度で急増するPTCサーミスタ，逆に急減するCRTサーミスタ，緩やかに減少するNTCサーミスタがある．PTCサーミスタは温度スイッチとして電子ジャーや電気こ

たつなどに，CRTサーミスタは温度警報機などに，NTCサーミスタは温度測定・制御などに使用される．

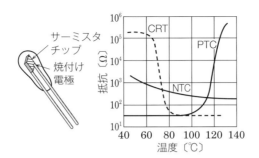

ホール素子：下図のように，半導体の薄片に一定の電流を流しておき，これに直角に磁界 H を加えると，電流と磁界に直角な方向に電圧 V_H が生じる．この電圧を測定して磁界の大きさを知る磁気センサを，ホール素子という．使いかたとして，定電圧駆動法と定電流駆動法がある．定電圧駆動法は温度変化に対する出力電圧の変化が小さく，定電流駆動法は磁界に対する出力電圧の直線性がよいという特徴がある．

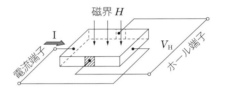

Chapter 6
機構と運動

6.1 ロボットを動作させるための関節機構
6.2 動作の生成
6.3 移動機構

おもな内容
- 産業用ロボットを例に,ロボットの関節機構について
- 運動学,逆運動学を用いた動作の作成
- 車輪移動ロボットの基本

対応する高等学校の教科書
- 電子機械の応用に関係する教科書に,産業用ロボットの基本動作による分類や動作の制御方法などの説明があります.

6.1 ロボットを動作させるための関節機構

ここでは，基本的なロボットを動作させるためのしくみ（機構）について，さまざまなロボットのなかでも最も多く使われている工業用ロボットをはじめとして，移動を目的としたロボット，さらにはVisiON 4Gのような人間型ロボットまで説明します．

まず，工場でよく用いる**ロボットアーム**（**マニピュレータ**）と呼ばれるロボットについて説明しましょう．ロボットアームは，一般にいくつかのリンク（関節と関節をつなぐもの）が関節によって結合されたリンク機構からなり，その先端部に作業に適したハンドが取り付けてあります．関節は自由にスライドするか，回転できるようになっています．

このロボットアームで用いられる関節は，大別すると，回転と直動の2種類があります．さらに，それぞれには**図6.1**のような種類があり，図に示されるような記号で表現されます．このほかに，ボールジョイントのように，一つの関節で自由に駆動できる軸が二つ以上あるものもありますが，その場合も複数個の関節が組み合わさっていると考えます．

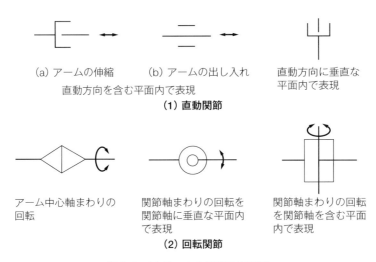

図6.1 ロボットの関節の表現法

また，少し高度なロボットの本を読むと，よく「**自由度**」という言葉がでてきます．これは関節に対応する言葉なのですが，もう少し形式的な言葉で説明すると，空間内でロボットを動作させるときに，独立に駆動，制御できる関節軸の数を表します．たとえば，ロボットアームで物体を可動範囲内で任意の位置に移動させ，任意の姿勢をとらせるためには，六つの自由度が必要となります．これは，3次元の空間では，三つの方向の軸と，それらの軸周りの回転の合計六つの動きが必要になるからです．

6自由度のロボットアームの関節構成の代表的な例を，**図6.2**に示します．このモデルでは，第1から第3関節までと第5，6関節が回転の自由度を，第4関節が直動の自由度をもちます．各関節を回転，直動のどちらのタイプにするか，関節軸をどの方向にするか，また関節の配置をどうするかなどによって，いろいろなアームを構成することができます．多数の候補のなかから要求に合っ

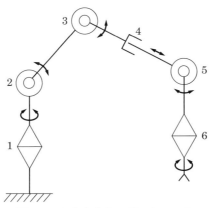

図6.2　6自由度のロボットアーム

た自由度をもつアームを選ぶには，動作の容易さ，作業領域の範囲，作業のしやすさなどの機構的評価以外に，制御のしやすさ，制御性能といった，ロボットの知能部と関連した評価も重要になります．

ロボットアームは，その機構上の特徴から，直交座標ロボット，円筒座標ロボット，極座標ロボット，多関節ロボットの四つのタイプに分けられます（**図6.3**）．

1　直交座標ロボット

直交座標ロボットは，それを構成する各リンクの運動方向（x, y, z 方向）が互いに直交するように構成されています．このロボットの動作は，x, y, z の3次元座標系で直接表現できるので，非常に制御しやすいロボットであるといえます．また，動作精度という点でもたいへん優れています．ロボットがどのような姿勢をとろうが，常に同じ精度で，正確な位置決めを行うことができます．逆に欠点としては，作業空間（ロボットの手先に相当する部分が動ける範囲）が狭いわりにアームの占有空間が大きく，たとえばアームを引くとその反対側の端が突き出してしまいます．また，長い距離を直線運動するので，一般には動作速度を速めることが難しいといえます．

2　円筒座標ロボット

円筒座標ロボットは，直交座標ロボットの x, y 平面の直行運動の組合せの代わりに，ロボットの根元の垂直軸周りの回転と，直動軸を使った水平方向の突出し運動の組合せによって，極座標（θ, γ）の運動を実現させたものです．これによって，作業領域を広くとることが可能になっています．

3　極座標ロボット

極座標ロボットは，3軸構造で，第1軸と第2軸を回転軸にしたもので，第3リンクの先端位置（θ, ϕ, γ）は，ちょうど3次元極座標に基づく運動で表されることになります．なお，直動軸（γ軸，第3軸）と θ 軸（第1軸）との間に適当な距離（これを**オフセット**という）をとると，第3リンクを360°いっぱいに自由に動かすことができて，回り込み作業などが可能になります（**図6.4**）．

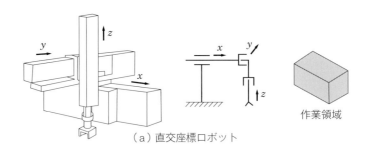
(a) 直交座標ロボット

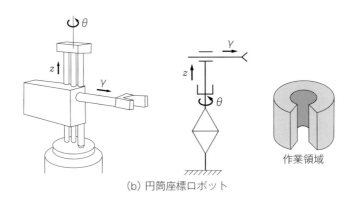
(b) 円筒座標ロボット

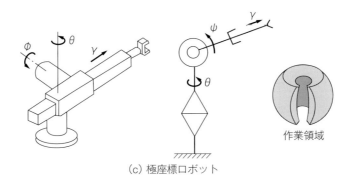
(c) 極座標ロボット

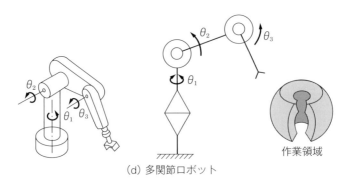
(d) 多関節ロボット

図6.3　産業用ロボットの自由度構成

6.1 ロボットを動作させるための関節機構 | 73

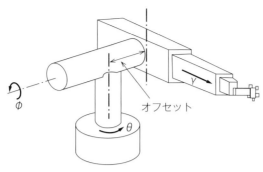

図6.4 オフセットのある極座標ロボット

4 多関節ロボット

第3軸を直動の代わりに回転するようにした構造のアームを，一般に**多関節ロボット**といい，**図6.5**に示すように，いくつかのタイプがあります．多関節ロボットは，最も自由な3次元運動が可能であるとされています．また，同図(b)に示すように，オフセットをとると回り込み作業も可能になります．しかし，各関節の回転角の測定誤差が積み重なりやすい構造であるため，位置決めの精度を高めるのは，ほかのタイプのものより難しくなります．

剛性（頑丈さ）も一般に，ほかのタイプのものより落ちます．その欠点を補う工夫がされたものが，同図(c)，(d)に示す**スカラ**（SCARA；Selective Compliance Assembly Robot Arm）**型ロボット**と，同図(e)に示す平行リンク方式の**ASEA型ロボット**です．前者は三つの回転軸を鉛直方向にとった構造をもち，このおかげで垂直方向の剛性が高く，水平方向の動きがなめらかであるという特徴をもちます．このような利点をもつスカラ型ロボットやASEA型ロボットは，上方向からの組付け，部品挿入，締付けなどの作業に適しており，組立作業が多い工場において数多く利用されています．

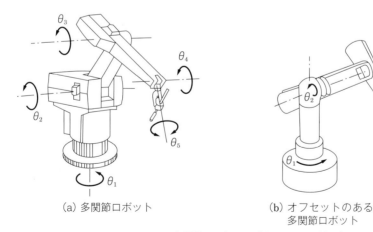

(a) 多関節ロボット　　(b) オフセットのある多関節ロボット

図6.5 いろいろな多関節ロボット（次ページに続く）

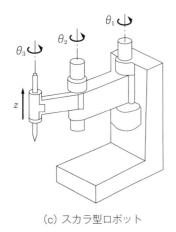
(c) スカラ型ロボット

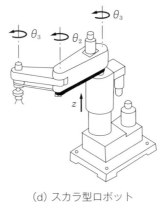
(d) スカラ型ロボット

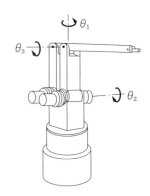
(e) ASEA 型ロボット（平行四辺形の閉ループリンクをもつ）

図 6.5　いろいろな多関節ロボット（続き）

高校教科書で学ぶロボット⑦ ロボットの構成と機構

高等学校向け教科書では，「6.1 ロボットを動作させるための関節機構」に関連する項目として，次のような内容が解説されています．

◆ ロボットの構成

産業用ロボットは，次のような要素で構成されている．

　手　　：物体を把持する．手首部で腕に接続される．
　手　首：手の姿勢制御機能をもつ．
　腕　　：腕の支持体に取り付けられる．
　足　　：車輪式・クローラ式の移動機構．
　動力源：駆動端（動作を行う部分）を動作させるためのエネルギー供給源．
　制御部：頭脳に相当，駆動端を目的に合わせて動作させる．
　検出部：内界計測機能と外界計測・認識機能をもつ．

◆ ロボットの機構を表す図記号

動作は直動と回転で構成され，下表の図記号で表される．

動作	意味	機構の名称	図記号と運動方向
直動	同一の軸上で，二つの部材相互位置が変化すること．つまり長さが変わること	直進ジョイント（1）	
		直進ジョイント（2）	
回転	軸の方向は変化せず，軸方向を中心とする回転運動	回転ジョイント（1）	
	軸方向を変化させようとする回転運動	回転ジョイント（2）	（平面）　（立体）

動作機構による分類

ロボットの動作は，直動と回転の基本動作の組合せによって決まる．位置決めの動作機構の構成により，次の4種類に分類されている．

- **直角座標ロボット**：直動のみで構成されるもの．
- **円筒座標ロボット**：動きが回転と直動で構成されるもの．
- **極座標ロボット**：回転－回転－直動の組合せで構成されているもの．
- **多関節ロボット**：三つ以上の回転で構成されているもの．

多関節ロボットのなかのスカラ型ロボットは，腕が水平面内で移動し，さらに腕先端に鉛直方向の直線運動が加えられた形式のものである．

6.2 動作の生成

では，ロボットを自由に動かすにはどのようにすればよいのでしょうか．ロボットを自由に動かす，すなわち手先を思いどおりに動かすためには，手先の位置や向きからロボットの各関節の角度を求めなければなりません．この問題は，すでに述べたように，**逆運動学**と呼ばれます．ロボットの逆運動学は，機械や制御を専門とする大学などで学ぶことができます．詳しくはそのような教科書を読む必要がありますが，ここでは比較的かんたんに理解できる範囲で説明しましょう．説明には，VisiON 4G を取り上げます．

VisiON 4G をリンクと関節の組合せとして表すと，**図 6.6** のようになります．ここでは，VisiON 4G に腕を上げて手を振るという動作をさせることを考えてみましょう．詳しい計算は省略しますが，大まかな計算手順を以下に示します．

a）ジェスチャを決定する

まず，腕を上げて手を振るという動作を，**図 6.7** に示すように，手先位置を，胴体を中心とする座標系で表し，その座標を連続的に記録しておきます．記録する時間間隔が短いほど，正確にロボットを動かすことができます．

b）動作を作る

運動学または逆運動学を利用して，動作を作ります．運動学を利用する場合は，各関節をいろいろに動かしてみながら，a) で記録した手先の位置と同じになるか確認し，そのときの関節角度を記録します．逆運動学を利用する場合には，a) で記録した手先の位置の情報と体の位置の情報の関係から，計算によって，関節角度を求めます．詳しくは，専門書などを参照してください．

c）ロボットを動かす

最後に，得られた関節データを連続的に全身の関節に送り，各関節でフィードバック制御を行うことで，与えられた関節データのとおりに正確に動かします．

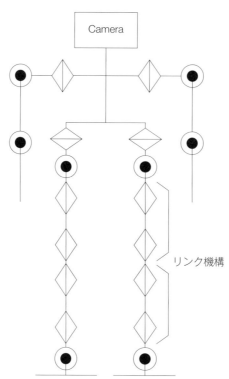

図 6.6　VisiON 4G の構造

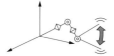

運動学を利用して　　逆運動学を利用して　　関節角度の時系列データ $\theta_n(t)$
動作をつくる　　　　動作をつくる　　　　　をロボットにあたえて制御

（a）ジェスチャを決定する　　（b）順運動学または逆運動学を　　（c）ロボットを動かす
　　　　　　　　　　　　　　　　利用して動作を作る

図 6.7　ロボットを動かす手順

6.3 移動機構

ロボットの動作は，大きく分けると，「物を操る」という動作と「体を移動させる」という動作に分けられます．先に説明したマニピュレータは，物を操るために用いられます．一方，VisiON 4GやRobovie-R2は，物を操る以外に，自分自身を移動させるという動作が必要になります．ここでは，Robovie-R2のように車輪で移動するロボットの，**移動機構**について説明しましょう．移動機構は，VisiON 4GやRobovie-R2のような人間型のロボットだけでなく，自動運転の自動車や自動搬送車のような車輪型ロボットの中心となる機構です．

1 車輪移動の基本構造

図 6.8 は，2輪移動ロボットのモデルです．二つの車輪の回転により，前進と旋回を行います．車両中心の2次元平面内の座標 (x, y) と車両進行方向と x 軸のなす角度 θ をロボットの向きとして，三つの変数で車両の位置・姿勢（どちらを向いているか）を表します．図6.8では (x, y) の位置で x 軸に対して θ の方向に動いている状態を表しています．車輪の半径を r，車両幅を $2W$ として，左右輪のそれぞれの角速度 ω_L，ω_R が与えられたとき，車輪の直進速度 v と角速度 ω との関係は式 (6.1) で表されます．

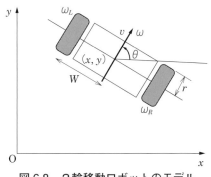

図 6.8　2輪移動ロボットのモデル

$$\begin{pmatrix} v \\ \omega \end{pmatrix} = \begin{pmatrix} r/2 & r/2 \\ r/2W & -r/2W \end{pmatrix} \begin{pmatrix} \omega_R \\ \omega_L \end{pmatrix} \tag{6.1}$$

すなわち，車輪の半径と車両の幅が固定値であるので，各車輪の角速度によって車両の速さ v と旋回の角速度 ω が決まります．

初期姿勢 θ で移動開始した場合，大局的な座標系 $O-XY$ での速度は，式 (6.2) で表されます．

$$\begin{pmatrix} \dot{x} \\ \dot{y} \\ \dot{\theta} \end{pmatrix} = \begin{pmatrix} \cos\theta & 0 \\ \sin\theta & 0 \\ 0 & 1 \end{pmatrix} \begin{pmatrix} v \\ \omega \end{pmatrix} \tag{6.2}$$

すなわち，車両の速度（位置と方向）は v と ω によって決まります．

したがって，この二つの式から，2輪への角速度 ω_R，ω_L を入力として，平面内の位置 (x, y)

と姿勢 θ の3自由度を制御することができます．また，図6.8のように，車両の位置姿勢を制御するタスクの自由度（x 方向の位置，y 方向の位置と姿勢，自由度3）が，実際の車両の制御自由度（両輪の角速度，自由度は2）よりも多い種類のロボットは，**非ホロノミック系のロボット**と呼ばれています．

4輪車も構造に若干の差がありますが，おおむね図6.8に示す2輪車と同じとみなせます．たとえば，われわれが日常運転している自動車も同様の原理で説明できます．自動車のハンドルは ω_R と ω_L の差に相当し，アクセルは v に相当します．ハンドルとアクセルを操作することによって，自由に車を運転できるわけです．

2 ロボット用移動機構

前項で示した2輪の車両モデルでは，自動車と同様に，方向転換のため旋回する時間が必要なので，瞬時にして全方向に移動することはできません．しかし，3輪車に工夫をこらすことで，瞬時に全方向へ移動するロボットを作ることができます．これを，**ホロノミック系**と呼びます．

スタンフォード大学で開発された Mobi は，三つの車輪の回転軸が120°間隔に一点で交差するように配置されています．また，各車輪には自由に回転するローラが取り付けられており，それぞれのローラの回転は，車輪の円周上の接線方向を向いています（**図6.9**）．すなわち，車輪に横方向の力がかかると，横にも移動できるようになっています．この車輪を，**図6.10**に示すように三角形に配置し，それぞれモータで駆動することによって，常に任意の x, y, θ を発生させることができる機構が作れます．

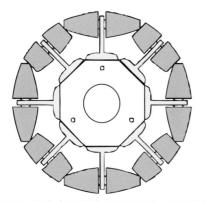

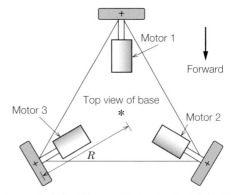

図6.9　全方向に移動可能なロボットの車輪　　図6.10　全方向に移動可能なロボットの車輪の配置

このようなホロノミックな動きは，たとえばサッカーをするロボットには必要不可欠で，イタリアのチームが RoboCup 2000 年の大会で利用していたロボット（**図6.11**）にも使われています．

このほかにも，活躍する場所や用途に応じた，さまざまな車輪型ロボットがあります．その一つの例が，災害現場などで活躍するクローラ型のロボット，**Hibiscus**（**図6.12**）です．戦車のキャタピラに似た構造で，不整地を走破する高い能力を備えています．

図 6.11　3輪移動ロボットモデル
（RoboCup 2000 イタリアゴーレムチームの「Golem」）

図 6.12　クローラ型のロボット
（千葉工業大学未来ロボット技術研究センターの「Hibiscus」）

3　脚による移動機構

　車輪によらない移動機構として，脚移動があります．VisiON 4G はサッカーのために作られたので，もちろん車輪ではなく2本の脚をもっています．車輪による移動が不利になるのは，不整地での移動です．道路がそうであるように，車輪による移動では，路面が平らでなくてはなりません．

　しかし，脚が常に有利なわけでもありません．速く移動するには，車輪のほうがはるかに有利ですし，たとえば2本の脚しかもたないロボットは，倒れずに歩くだけでもその制御はかんたんではありません．ロボットはそれぞれの目的に応じて，最適な脚をもつ必要があります．

　2足歩行のロボットが注目される前には，4足歩行や，6足歩行のロボットが数多く開発されてきました．2足歩行よりも，4足歩行や6足歩行のほうが倒れにくいという性質があります．とくに6足歩行は，常に3本の脚を接地させることができるため，非常に安定した歩行ができます．

4足歩行も，一つずつ脚を動かせば，常に3本の脚が接地するため安定します．しかし，脚の数を増やすと，それを駆動するモータの数も増えますし，また体も大きくなってしまいます．うまくバランスをとることさえできれば，人間のように2本の脚で十分に活動することができます．

4足歩行ロボットの例として，**図6.13**に，東京工業大学で開発された**TITAN Ⅷ**を示します．

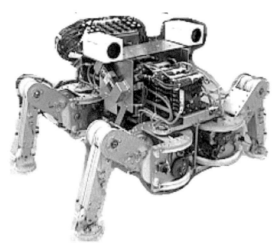

図6.13　4足歩行ロボット
（東京工業大学　広瀬研究室の「TITAN Ⅷ」）

Chapter 7
情報処理

- 7.1 コンピュータの基本構成
- 7.2 コンピュータの基本動作
- 7.3 CPU
- 7.4 プログラム開発
- 7.5 コンピュータによる制御
- 7.6 人間型ロボットのプログラミング

おもな内容
- コンピュータの基本的な構成，処理の流れ
- CPU の発達の歴史
- C 言語によるかんたんなプログラミングの例
- 人間型ロボットのプログラミングの考えかた

対応する高等学校の教科書
- 電子機械，およびその応用に関係する教科書に，コンピュータのはたらきやプログラミングに関する説明があります．

7.1 コンピュータの基本構成

ここまでは，ロボットの機械的なしくみやセンサについて説明をしてきました．しかし，それだけではロボットは動きません．人間がそうであるように，ロボットにも，センサからの情報を解釈してモータに指令を送る，人間の脳に相当するコンピュータが必要です．コンピュータを理解せずには，ロボットを動かすことはできません．詳しい説明はほかのテキストにゆずるとして，ここでは，最低限必要となるコンピュータに関する知識を説明します．

1 コンピュータ処理の流れ

たとえば，パソコンをワープロとして使う場合には，キーボード（入力装置）から入力された文字データは，パソコン内部で適当にレイアウトされたのち，プリンタなどの出力装置から出力されます（**図 7.1**）．すなわち，コンピュータの役目は，入力されたデータを加工処理して出力することです．

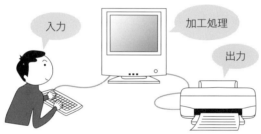

図 7.1　コンピュータ処理の流れ

2 コンピュータの基本構成

現在のほとんどのコンピュータは，1940 年代に**フォン・ノイマン**（Von Neumann）らが設計したもので，**ノイマン型コンピュータ**といいます．**図 7.2** はノイマン型コンピュータの基本構成で，次のような特徴をもっています．

(1) **プログラム内蔵方式**：処理手順を示したプログラムは内部に記憶しておきます．
(2) **逐次処理**：プログラムで指定した順序で逐次，命令を実行します．
(3) **命令とデータの共存**：同じメモリ（主記憶装置）上に，命令とデータが共存しています．

ここで，**CPU**（**セントラルプロセッシングユニット**）とは，コンピュータの頭脳にあたり，計算を司る回路を意味します．CPU の役割は，基本的に，①メモリにある命令を読み込んで解釈する，②命令の内容によって内部で計算するかデータを読みにいく，③計算したデータを外部に出力する，の三つです．

また，主記憶装置であるメモリには，**ROM** と **RAM** があります．ROM はリードオンリーメモリといい，読出しのみ可能なメモリで，変更する必要のないプログラムを保存しておきます．ROM

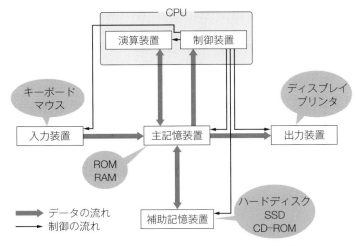

図 7.2 ノイマン型コンピュータの基本構成

にプログラムを書き込むには，**ROM ライタ**と呼ばれる装置を用います．その他に，ROM ライタを必要としない**フラッシュメモリ**と呼ばれる ROM をもっているコンピュータもあります．フラッシュメモリは，かんたんに書換えできるというメリットをもっています．

RAM はランダムアクセスメモリと呼ばれるメモリで，読み書きができます．コンピュータの多くのメモリは，RAM で構成されています．

RAM は電源が切れると，その記憶は消えてしまいます．

 高校教科書で学ぶロボット⑧ コンピュータの構成

高等学校向け教科書では，「7.1 コンピュータの基本構成」に関連する項目として次のような内容が解説されています．

◇ コンピュータの構成

コンピュータは，**入力装置・出力装置・制御装置・算術論理演算装置・記憶装置**の要素で構成されている．このうち，制御装置と算術理論演算装置とを合わせて**中央処理装置**という．マイクロコンピュータでは，中央処理装置はマイクロプロセッサと呼ばれる一つまたは数個の LSI（大規模集積回路）で構成される．ワンチップマイクロコンピュータでは，マイクロプロセッサ・記憶装置・入出力インタフェース回路が一つの LSI に含まれている．

入力装置は，主記憶装置へプログラムやデータを入力する装置である．キーボード・デジタイザ・マウス・各種インタフェース用 LSI・回路を介して接続されたセンサやスイッチ回路がこれにあたる．

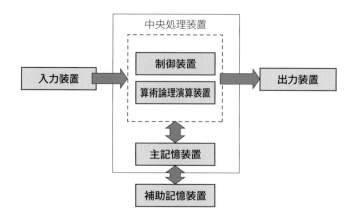

　記憶装置は，主記憶装置・補助記憶装置・外部記憶装置に分類される．主記憶装置には1ワード（1ワードの長さは8ビット，16ビット，32ビットがある）を記憶するための記憶場所が多数あり，アドレスで識別されるようになっている．外部記憶装置は，磁気ディスク装置などがある．出力装置は，ディスプレイやプリンタなどがある．中央処理装置（制御装置と算術理論演算装置で構成される）は，主記憶装置内の命令ワードを一つずつ読み出して，命令ワードにて指定された処理手順で，加算・減算，理論演算を進める．

7.2　コンピュータの基本動作

1　命令実行の流れ

　ノイマン型コンピュータでは，**図 7.3** に示すような流れで命令を実行します．主記憶装置に格納されている命令を取り出して，解読を行い，実行するのです．この流れを**命令実行サイクル**といいます．1個の命令に対して，1回ずつこのサイクルが行われます．

　例として，**加算命令 ADD** を考えてみましょう．加算命令 ADD とは，**アセンブリ言語**と呼ばれる，コンピュータが直接理解できるコンピュータ言語で使われる命令です．

　ほとんどのプログラムは，C 言語や BASIC などの人間がプログラミングしやすい言語で書かれ

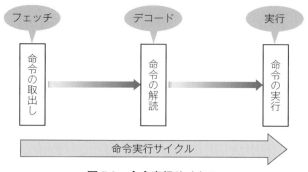

図 7.3　命令実行サイクル

ていますが，コンピュータがこれらのプログラムを実行する際には，いったんアセンブリ言語に変換され，コンピュータが直接命令を実行できる形にされています．

"ADD A, X"は，アドレス X 番地に格納されているデータと，汎用レジスタ A の内容を加算する命令です．**レジスタ**とは，データを記憶しておくことのできる高速動作が可能な小さいメモリのことで，CPU（インテルの Core プロセッサなどが CPU の代表的な例）のなかに入っています．**図7.4** に，命令実行の流れと制御装置，主記憶装置，演算装置のはたらきを示します．

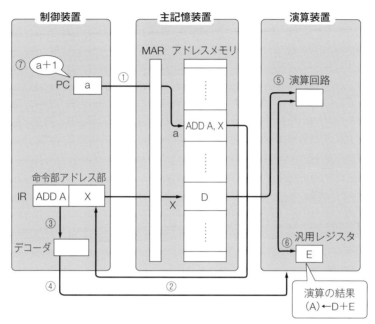

図 7.4　命令実行の流れ

この図において，命令実行の流れは次のようになります．

① プログラムカウンタ（PC）に格納されているアドレスを，主記憶装置のメモリアドレスレジスタ（MAR）に送ります．
② 指定されたアドレスに格納されている命令（ADD）を，命令レジスタ（IR）に取り出します．
③ 命令レジスタにある命令を，デコーダ（復号器）に送り解読します．
④ 命令の実行に必要な制御信号を，演算装置に送ります．
⑤ 命令で指定されたアドレス（X 番地）からデータを取り出します．
⑥ 演算（加算）処理を実行します．
⑦ 次に実行する命令が格納されているアドレスを，PC に格納します．次の命令を実行するときには，手順①から⑦を繰り返します．

2　コンピュータの限界

図 7.4 に示したように，ノイマン型コンピュータは，PC に格納されたアドレスで示されるメモリから命令を取り出し（**フェッチ**），解読（**デコード**）し，実行するという手順を繰り返して処理します．
また，命令とデータ（図 7.4 の例では，命令 ADD とアドレス X 番地にあるデータ D）は，同じ

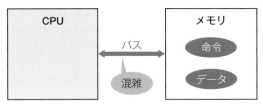

図 7.5　コンピュータの限界

メモリ上に格納されています．このために，CPU とメモリを接続している**バス**（転送路）が混み合い，処理が遅れてしまうことがあります（**図 7.5**）．

このような問題を解決するには，CPU とメモリをつなぐパスを複数準備したり，または CPU とメモリの小規模な組合せをたくさん準備して処理を分散し，同時に計算を始めたりといった工夫が必要となります．実際に，われわれが日常的に使っているパソコンなどにも，さまざまな工夫が取り入れられています．とくに，多くの画像情報を処理するゲーム機の CPU には，処理を高速化するためのさまざまな工夫がされています．ロボットでも同様です．たとえば，VisiON 4G は，画像を処理するコンピュータと動作を制御するコンピュータの 2 台が同時に動くようなしくみになっており，画像処理に時間がかかっても，動作には影響が出ないようになっています．より高度なロボットを開発するためには，このように，複数の CPU を同時に利用することは避けられません．

7.3　CPU

1　CPU の発達

ではここで，コンピュータの心臓部である CPU について，少しその歴史を見てみましょう．コンピュータの性能向上の歴史は，CPU の発達の歴史としても捉えることができます．**表 7.1** に，おもな CPU が登場した年代と特徴を示します．

1971 年に，インテル社が世界初の CPU「4004」を発表しました．この CPU は，1 回に処理できるデータが 4 ビット，クロック（動作速度）100 kHz 程度の性能でした．現在の CPU とは比較になら

表 7.1　CPU の発達

年	1971	1974	1976	1978	1987	1993	2000	2006	2009
型番	4004	8080 6800	8085 6809 Z80	8086	H8/500	Pentium PowerPC	Pentium4	Core Duo	Core i7
1回の処理量〔ビット〕	4	8	8	16	16	32	32	32	64
素子数〔個〕	2 300	8 500	1万	3万	42万	310万	4 200万	1億 5 000万	7億 3 100万
クロック	100 kHz	1 MHz	5 MHz	10 MHz	16 MHz	100 MHz	1.3 GHz	2 GHz	3 GHz
RAM〔ビット〕	4.5 K	64 K	64 K	16 M	128 M	4 G	64 G	64 G	192 G

ない性能ですが，4004の登場は次の点で衝撃的なものでした．

それまでは，目的に応じたIC（集積回路）を個別に製作する必要がありましたが，4004を使えば，目的に応じたプログラムを作ればよくなったのです．つまり，同じハードウェア（CPU）を使い，目的ごとに異なるソフトウェア（プログラム）を作ることで，広いニーズに対応できるようになったのです．

そのあとに登場した「8080」や「6800」によってCPUの評価は確立され，コンピュータはもはやなくてはならない存在となりました．とくに，1976年にザイログ社の発表した「Z80」は，使いやすく高性能なCPUとして多くの分野で使用されました．現在，最も多く用いられているCPUは，インテル社のCoreシリーズです．

具体的なコンピュータの例として，**PICマイコン**を紹介しましょう．PICマイコンは，いろいろな電化製品に組み込まれている，組込用のコンピュータです．ピンの配列は，**図7.6**に示すような形をしています．外観は**図7.7**です．また，内部構造は，**図7.8**に示すようになっています．

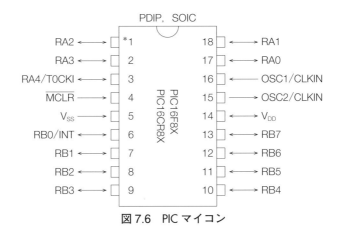

図7.6　PICマイコン

図7.7　PICマイコンの外観

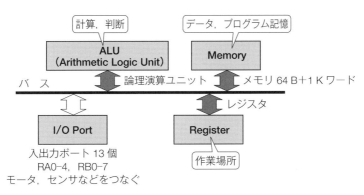

図7.8　PICマイコンの内部構造

2 コンピュータの選びかた

ここで紹介したように，さまざまなコンピュータが存在します．どのような計算をさせるか，どのようなロボットを作るかによって，適切にコンピュータを選ぶ必要があります．ここでは，そのヒントを少し説明します．

a) CPU の動作速度

誕生当初のマイコンの動作速度（**クロック信号周波数**）は，1 MHz から 2 MHz くらいでした．H8/3048F では 16 MHz，H8/3052F では 25 MHz となり，10 倍以上になっています．一方，パソコンに使用されている CPU も現在では 10 倍になり，2 GHz（2 000 MHz）を超えるものも広く使用されています．

b) I/O

コンピュータでは，必要に応じて，マザーボード上に周辺機器用の **I/O**（Input/Output；入出力）**ポート**が搭載されています．また，増設もかんたんです．従来のマイコンでは，必要に応じて CPU に接続していました．多くの場合に必要不可欠と考えられる機能が，次第に CPU と同じチップ内に組み込まれるようになってきています．それでも不足した場合は，バスを介して増設が可能になっています．マイコンの進歩の一つに多様な I/O ポートがあります．8080A や Z80 の時代は，前述したように，一つひとつ CPU に接続しなければならず，配線の技術が必要でした．しかし，H8 と呼ばれるより新しいコンピュータでは，豊富な I/O ポートが内蔵されました．したがって，内蔵されている I/O ポートをどう使うか，どうプログラムすればよいかがコンピュータ選択における重要な注意事項になります．

c) メモリ

メモリは，先に述べたとおり，大きく RAM と ROM に分けることができます．RAM は読み書き自由なメモリで，コンピュータでは変数データの記憶に使用されます．もちろん RAM にプログラムを記憶させることもできますが，電源が切れると記憶は消えてしまいます．RAM には **SRAM** と **DRAM** がありますが，組込用のコンピュータでは SRAM が主として使用されています．

ROM には多くの種類があり，概要は**表 7.2** ようになります．

表 7.2　ROM の種類と概要

ROM の種類	概　要
マスク ROM	データを書き込んだ状態で製造されます．大量生産向けです．
P-ROM	一度だけ書き込めるメモリです．
EEP-ROM	電気的に消去・書込みができます．消去・書込みは高速にできますが，高価です．
UVER-ROM	IC パッケージの上面に透明の窓があり，紫外線で消去できます．書込みには ROM ライタが必要です．従来 ROM といえば，この UVER-ROM を指していましたが，近年は使用される頻度が低下しています．
フラッシュメモリ	電気的に消去・書込みが可能です．ボードに実装したままで消去・書込みができるので，完成したシステムでのプログラム変更が容易です．近年はフラッシュメモリを実装したコンピュータが増加しています．

高校教科書で学ぶロボット⑨ CPU の構成と発展

高等学校向け教科書では，「7.3 CPU」に関連する項目として次のような内容が解説されています．

❖ CPU の内部構成

下図は米国ザイログ社の Z80 CPU の構成図である．演算部と制御部，およびレジスタ部で構成されていて，次のような機能がある．

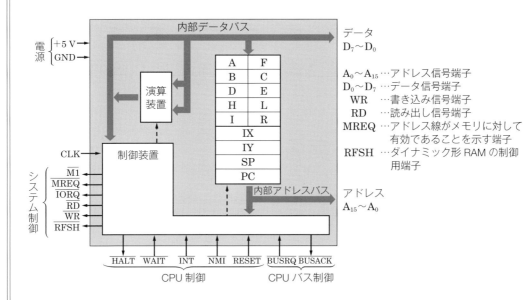

- **演算部**：制御部からの命令により，8 ビットまたは 16 ビットの算術演算，理論演算を行う．
- **制御部**：制御部は CPU 内部の動作を監視し，指令を各部に送っている．メモリや入出力インタフェースの制御も行う．プログラムカウンタ PC（プログラムの実行順序を記憶する）が指示するアドレスから命令を取り出し，その命令は制御部によって決められた処理を行う．この二つの動作を繰返し行う．
- **レジスタ部**：命令によって，一時的にデータを蓄えたり，演算に使われたりする．8 ビットのレジスタ（10 個）と 16 ビットのレジスタ（4 個）がある．8 ビットレジスタのうち 6 個（図中の B, C, D, E, H, L）は汎用レジスタと呼ばれ，データの格納に使われる．8 ビットレジスタを 2 個連結して 16 ビットとすることもできる．16 ビットレジスタ（図中の IX, IY, SP, PC）はメモリのアドレスを格納する．

❖ CPU のトランジスタ数の変化

CPU のトランジスタ数は，次ページの図のように変化してきた．

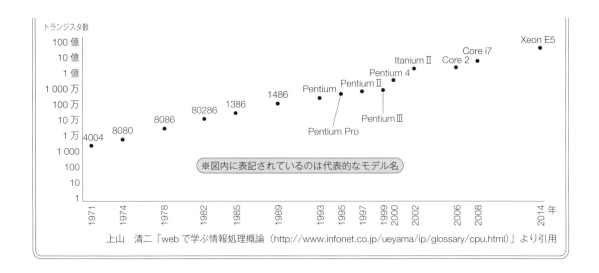

上山 清二「web で学ぶ情報処理概論（http://www.infonet.co.jp/ueyama/ip/glossary/cpu.html）」より引用

7.4 プログラム開発

では，具体的にプログラムを開発する手順を見てみましょう．**図 7.9** に，プログラムの実装までのフローチャート（処理の流れ図）を示します．

各処理は次のようになります．

a）ソースプログラムの編集

プログラムを作成するためのエディタソフトを使用して，プログラムを記述します．プログラム言語には，アセンブリ言語，C 言語，BASIC などがあります．ここで記述したプログラムを**ソースファイル**と呼びます．

b）機械語への変換

アセンブリ言語で記述したソースファイルを機械語に変換するソフトウェアのことを，**アセンブラ**といいます．アセンブリ言語は，0 と 1 のパターンで表現される，機械語に直接変換可能で最も低レベル（コンピュータの動作を直接指示できる）な言語です．PC などではほとんど使われませんが，組込用コンピュータや，VisiON 4G の動作制御用のコンピュータのプログラムにはこの言語が使われています．

C 言語などの**高水準言語**（より人間が理解しやすい形のプログラム言語，高級言語といいます）も，機械語に変換されます．直接機械語に変換することもあれば，いったんアセンブリ言語に変換

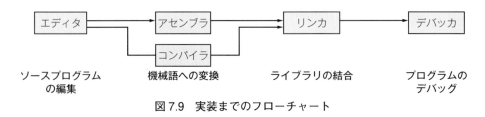

図 7.9 実装までのフローチャート

する場合もあります（機械語からアセンブリ言語に変換するのは容易です）．この高級言語を機械語に変換するプログラムを，**コンパイラ**と呼びます．

c）ライブラリの結合

　ユーザの書いたプログラムだけでは，通常プログラムは動作しません．たとえば，キーボードから文字を読み込む作業や，画面に出力するという作業には，それに対応したプログラムが必要です．これらの，どのユーザのどんなプログラムでも必要とされるプログラムは，通常**ライブラリ**という形で提供されています．コンパイラで機械語に変換されたユーザプログラムは，そののち，リンカによって結合されます．ただし，最近の多くのコンパイラは，このリンカの機能も含んでいて，ユーザは意識することなく，システムが必要なプログラムを取り込めるようになっています．

d）プログラムのデバッグ

　最後に重要となる作業が，プログラムの**デバッグ**です．最初に設計したとおりにプログラムを動かすためには，何度も繰り返しプログラムを修正する必要がでてきます．この修正の原因となるものをプログラムのバグと呼びますが，このバグを取り除く作業がデバッグです．C言語のような高級言語を使用している場合は，**デバッガ**と呼ばれるソフトウェアを用いて，少しずつプログラムを実行しながら，バグがどこにあるか，思い通りに変数に値が挿入されているかを確認することができます．

　通常のコンピュータは，プログラムを開発すればそのまま実行できます．しかし，VisiON 4G の動作制御用コンピュータなどの，いわゆる組込用コンピュータの場合は，ROM と呼ばれる特殊なメモリ上に，プログラムをダウンロードする必要があります．これには，**ROM ライタ**と呼ばれる装置などを用います．ROM ライタまたは組込用コンピュータを，プログラムを開発したコンピュータと通信線で接続して，プログラムを転送します．

 高校教科書で学ぶロボット⑩ プログラム言語とアルゴリズム

　高等学校向け教科書では，「7.4 プログラム開発」に関連する項目として，次のような内容が解説されています．

◆ プログラム言語

　コンピュータ内部では 0 と 1 が組み合わされた命令が記憶装置に記憶されており，順に取り出されて解釈・実行される．処理装置が直接解釈できる命令を**機械語**と呼ぶ．しかし，機械語は人間にとってはわかりにくい．人間にわかりやすく，かつコンピュータが翻訳できるようにしたものが，プログラム言語である．最も単純なプログラム言語は**アセンブリ言語**である．アセンブリ言語は，機械語命令に1対1で対応したアルファベットの**命令コード**（ニーモニックコード：どんな処理をするかを示す）と**オペランド**（動作の対象：「なにをどこへ」かを示す）の組合せになっている．アセンブリ言語は機械を直接制御したり，コンピュータの動作原理の理解には向いているが，大規模プログラムの開発には不向きである．

◆ C言語

プログラミングの作業手順を人間の考えかたに近い形で記述できるのが**高水準言語**で，C言語もその一つである．C言語プログラムは関数の集まりであり，標準関数やほかの関数プログラムを読み込んで処理を行う．C言語は各所で開発され，いろいろな種類があり，細かな部分では違いがあるが，基本的には同じである．C言語でできたプログラムはほかの高水準言語（BASIC, Fortran など）に比べ，ハードウエアの制御など，機械用のプログラムを開発できることも特徴の一つである．

◆ アルゴリズム

情報処理の手順を示したものを**アルゴリズム**と呼ぶ．基本的な情報処理には，さまざまなアルゴリズムが開発されている．たとえば，データを規則に従って順に並べる「並べ替え」や，多くのデータのなかから目的となるデータを探す「探索」のアルゴリズムなどがある．

データのなかに，ある値のデータがあるかどうか，あるのであれば何番目のデータか，を探す場合，次の二つのアルゴリズムが考えられる．

- **線形探索法**：データを一つひとつ確認する．
- **二分探索法**：データが小さい順に並んでいる場合，データの最小値と最大値から中央値を計算で求める．データの並びの真ん中にあるデータと中央値を比較して，真ん中にあるデータが中央値より小さければ，真ん中のデータを最小値として中央値を計算し直し，以後同じ手順を繰り返す．

アルゴリズムは高水準言語で記述することもできるし，フローチャートによって示すこともできる．下図は二分探索法のフローチャートである．

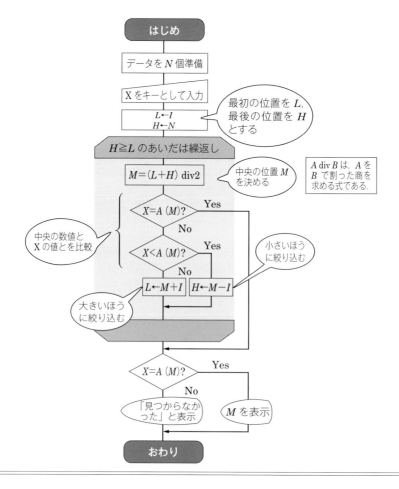

7.5 コンピュータによる制御

では，このコンピュータを使ってどのようにロボットを動かせばよいのでしょうか．ここでは，その大まかな手順について説明します．具体的には，「スイッチを押すとモータが回転する」という，非常にかんたんなロボットを例に，その制御を考えてみましょう．

1 制御システムの構成

図 7.10 に，コンピュータでロボットを制御するシステムの構成図を示します．ここでは，VisiON 4G の原型である Robovie-M のコンピュータボードにサーボモータがつながれている例を示しています．コンピュータボードにつながったサーボモータには，コンピュータから送られてくる指令を元に，モータを動かす回路が含まれています．

モータを動かす回路は，モータの軸に取り付けられた角度検出センサ（ポテンショメータ）の値と，コンピュータから送られてくる指令（角度）を比べながら，コンピュータから送られてくる指令どおりにモータを動かします．

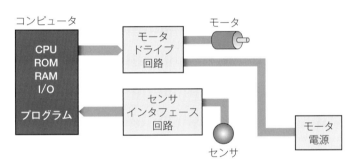

図 7.10　コンピュータによる制御

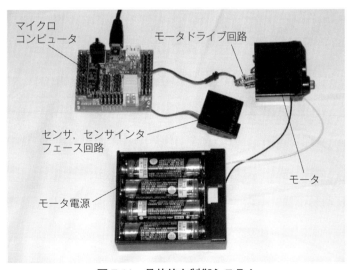

図 7.11　具体的な制御システム

2 モータの制御のプログラミング

コンピュータのI/Oポートにモータドライブ回路を接続するには，それなりの知識が必要です．それらの知識はそれぞれの機器に関するマニュアルなどを見てもらうとして，ここでは接続できたとして話を進めます．

まず，モータの回転と停止を行うプログラムについて説明します．ランプの点灯と消灯はモータの回転と停止と同じプログラムになります．ここでは，人が近づいたらモータを回転させてドアを開け，人が遠ざかったらドアを閉めるという，自動ドアと同じ動作をするシステムを開発することを考えましょう．これくらいのシステムならば，わざわざコンピュータを用いる必要はないのですが，コンピュータを用いれば，さらにセンサやモータを追加して，より複雑で知的な動作がプログラム可能になります．この本を読んだあとに，各自でプログラムをどのように拡張すると，どのようなことができるか，いろいろ考えてみるとよいでしょう．

最初に決めることは，「プログラムでなにをどのように実行するか」という手順です．そのため，一般には，処理の流れ図であるフローチャートを書きます．

図7.12にフローチャートの例を示します．まず，プログラムはスタートしてすぐに初期設定を行います．ここでは，プログラムに用いるさまざまな変数の**初期化**を行います．たとえば，最初のモータの位置を記録するとか，最初のセンサの状態を記録します．

センサが反応して変化したことは，この初期値と比較して知ることができます．一般に，初期化を忘れてプログラムを書いてしまう人が多く，プログラムのバグの大きな原因の一つとなっています．

次に，プログラムは，センサの反応を調べます．センサの反応がない場合は，矢印のようにセンサの反応を再度調べにいきます．すなわち，センサの反応があるまで，この矢印をぐるぐる回り，モータは回転しません．センサの反応があると，モータを回転させる動作をします．

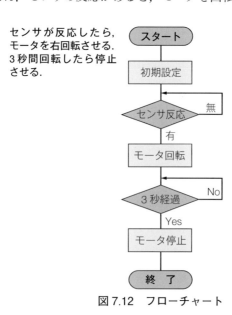

図7.12　フローチャート

モータを回転させたら，次は経過時間を調べます．経過時間を計る変数も，初期設定において 0 にしておく必要があります．そして，3 秒経過するまで，この経過時間のチェックを繰り返します．モータを回転させて 3 秒経過したところで，プログラムは停止します．

フローチャートを書いたあとに，そのブロックごとにプログラムを作成していきます．

では，このモータとセンサを使ったかんたんなロボットの，具体的なプログラムはどうなるでしょうか．**リスト 1** に C 言語で記述したプログラムの例を示します．C 言語については専門書を参考にしてください．

リスト 1　モータとセンサを使ったかんたんなロボットプログラムの例

```
01. // 直流モータの制御
02. // ポートAの入力："0x01"で反応，"0x00"で反応なしとする
03. // ポートBの出力："0x10"で右回転，"0x01"で左回転，"0x11"で停止
04.
05. #include<stdio.h>              // I/Oポートのアドレスなど
06.
07. void joinit(void)
08. {
09.     PA = 0x00;                 // ポートA制御入力
10.     PB = 0xff;                 // ポートBモータ出力
11. }
12.
13. void wait(int c)               // 時間待ち関数
14. {
15.     Long t = 100000;
16.     while(c--) {
17.         while(t--);
18.         t = 100000;
19.     }
20. }
21.
22. int main(void)
23. {
24.     joinit();                  // 初期設定
25.     while(PA == 0x00);         // センサ反応あるまで待つ
26.     PB = 0x10;                 // モータ右回転
27.     wait(3);                   // 3秒間待つ
28.     PB = 0x11;                 // モータ停止
29. }
```

リスト 1 のプログラムに関して，いくつか補足説明をしておきます．まず，センサの値の読込みやモータへの指令は，すべて**ポート**と呼ばれるメモリ上の特定の番地を介して行います．実際には，そのメモリの番地の内容を読み書きすると，センサの値が読めたり，また，モータを動かしたりできるしくみになっています．たとえば，このコンピュータには A と B という名の二つのポートがあり，そのポートは 8 ビットで構成されているとします．

8ビットの値を，プログラムでは，頭に 0x を付けた 16 進数で表します．すなわち，10 進数の 0 は 0x00，10 進数の 15 は 0xff になります．10 進数の場合，0 から 9 の数字を使いますが，16 進数の場合は，0 から 9 そして a から f までを用いて表します．もちろんプログラムは，10 進数の数字も扱うことができます．しかし，すべてのメモリは，2 進数で表されています．8 ビットの値であれば，8 桁の 2 進数になります．それをそれぞれ 4 桁ずつまとめた 16 進数の数字二つで表すというのが，通常になっています．

ポート A は，メモリ上で，0x00, 0x01, 0x10, 0x11 の四つの値をもつことができることになります．そして，センサが反応したことは，ポート A の値を読み，その値が 0x01 であることで知ることができます．また逆に，ポート B に値を書き込むと，その値に応じて，モータは回転したり，停止したりします．

では，プログラムを順に追っていきましょう．main(void) がメインプログラムで，すべてここからスタートします．main(void) では，最初に，joinit() を呼び出します．joinit() は，ポート A，ポート B に，それぞれ 0x00, 0xff の値を書き込み，初期化します．次の命令は，while(PA==0x00) です．これは，ポート A から値を読み出して，その値が 0x00 である間，すなわちセンサが反応しない間は，この命令にとどまります．

センサが反応し，PA==0x00 でなくなると，次の PB=0x10 の命令を実行し，モータを回転させます．そして，wait(3) に進みます．wait(3) では，while(c--) で c，すなわちこの場合は 3 という数字を 1 ずつ減らしながら 0 になるまで繰り返し，さらに c を 1 減らすごとに，t が 0 になるまで t を 1 ずつ減らします．t を 1 減らし，それが 0 であるかどうかを調べるだけでも，少し時間が経過します．ここで，t に 100000 という数字を入力しているのは，その計算を 100 000 回繰り返すと，だいたい 1 秒計算に時間がかかるという想定にしているからです．すなわち，wait(3) で 3 秒間待つことになります．

そのあとに，ポート B に 0x11 を入力してモータを停止させます．なお，PA, PB にはメモリの特定の番地が対応しますが，その宣言は，stdio.h でなされているものとして，#include でプログラムのソースファイルとして取り込んでいます．

では次に，もう少し複雑なプログラムを考えてみましょう．「ドアが開いて 5 秒経過し，センサの反応がなかったら，人が通り過ぎたものとして，モータを左回転させてドアを閉める」というプログラムです．フローチャートは，**図 7.13** のようになります．

このプログラムは，**リスト 2** のように記述できます．詳細は自分で考えてみましょう．C 言語の本を参考にしながら，その動作を調べるとよいでしょう．

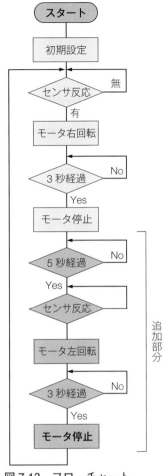

ドアが開いて5秒経過し，センサの反応がなかったら人が通り過ぎたものとしてモータを左回転させてドアを閉める．

図 7.13　フローチャート

リスト2　5秒間センサに反応がなければモータを動作させるプログラム

```
01.  // 直流モータの制御
02.  // ポートAの入力："0x01"で反応，"0x00"で反応なしとする
03.  // ポートBの出力："0x10"で右回転，"0x01"で左回転，"0x11"で停止
04.
05.  #include<stdio.h>                // I/Oポートのアドレスなど
06.
07.  void joinit(void)
08.  {
09.       PA = 0x00;                  // ポートA制御入力
10.       PB = 0xff;                  // ポートBモータ出力
11.  }
12.
13.  void wait(int c)                 // 時間待ち関数
14.  {
15.       Long t = 100000;
16.       while(c--) {
17.            while(t--);
```

```
18.             t = 100000;
19.         }
20. }
21. 
22. int main(void)
23. {
24.     joinit();                           // 初期設定
25.     while(1) {                          // 繰返し
26.         while(PA == 0x00);              // センサ反応あるまで待つ
27.         PB = 0x00;                      // モータ右回転
28.         wait(3);                        // 3秒間待つ
29.         PB = 0x11;                      // モータ停止
30.         wait(5);                        // 5秒間待つ
31.         while(PA == 1);                 // センサ反応がなくなるまで待つ
32.         PB = 0x10;                      // モータ左回転
33.         wait(3);                        // 3秒間待つ
34.         PB = 0x11;                      // モータ停止
35.     }
36. }
```

高校教科書で学ぶロボット⑪ 制御の基本

高等学校向け教科書では，「7.5 コンピュータによる制御」に関連する項目として，次のような内容が解説されています．

◆コンピュータ制御のしくみ

コンピュータの入出力インタフェースと，アクチュエータのサーボ回路やセンサ回路を接続することで，機械を制御できる．アクチュエータは，コンピュータの制御プログラムで制御される．

◆信号と操作

コンピュータによる制御は，次のようなデータ信号を用いて行う．

- **デジタル信号**：電圧の高低の電気信号を1，0のデジタル信号に対応させる．
- **複数のデータ信号**：コンピュータの信号は，8ビット，16ビットなど複数桁の2進法の信号である．これらは，10進法や16進法に数値化して用いることができる．
- **1，0の信号**：たとえば，スイッチやセンサのON・OFFを入力データの1，0に対応させる．
- **複数ビットの信号**：複数ビットの1，0のデータを，数値化やコード化して利用する．たとえば，センサからのアナログ信号を，コンピュータ側のインタフェースで複数ビットのデジタル信号に変換する（A-D変換（アナログ-デジタル変換））．

◆フローチャート（流れ図）

コンピュータに行わせる作業は，一般にいくつかの処理の組合せによって行われる．この処理手順をわかりやすく表す方法に，**フローチャート（流れ図）**がある．流れ図は，処理の順序に従って表記する．処理が順序と逆向きに行われる場合は，矢印で処理の方向・順序を明示する．次ページの図に，流れ図の例を示す．

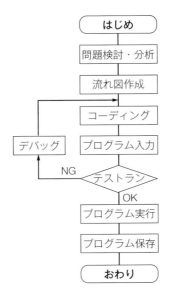

流れ図に従ったプログラム作成の要点は，次のとおりである．

- 処理すべき作業内容をよく把握し分析する．
- 流れ図に従って，プログラム言語でプログラムを書く．
- プログラムをコンピュータに入力する．
- プログラムを試行して，作業が正しく行われるか確認する．
- 作業が正しくない場合は，プログラムを修正し，再試行する．

工業高校向けの教科書には，C 言語や BASIC などを使ったかんたんなプログラムの例があげられている．

7.6　人間型ロボットのプログラミング

　このようなロボットのプログラムをさらに発展させると，さまざまなことができます．たとえば VisiON 4G のように，歩いたり，座ったり，ボールを蹴ったりすることができるようになるのです．ここでは，人間型ロボット（ヒューマノイド）のプログラム全体について考えてみましょう．

　人間型ロボットにとって，寝た状態から立ち上がる能力は重要です．それだけでなく，狭いところをくぐり抜けるために腹ばいになったり，倒れても立ち上がって動き続けなければなりません．

　図 7.14 は，人間型ロボットが仰向けの状態から立ち上がる動作を行っているようすを表します．このような動作を作るには，ロボットの身体のどの部分が地面と接し，地面に対してロボットの姿勢がどのようになっていて，ロボットの体幹や四肢をどのように動かせば起き上がれるかということを考えながら，それぞれの動作を作り，それをつなぎ合わせなければなりません．また，この例のように，床が平坦で，床の柔らかさやロボットの身体との摩擦も大きく変わらなければ成功することが多いのですが，床に凹凸があったり，床が傾いていると同じ動作では起き上がれないことも

図 7.14　ロボットの起き上がり動作

あります．ロボットがうまく動作しないなら，操作を少しずつ変えて，試行錯誤しながら調整していく必要があります．

このような起き上がりの動作を含め，歩行中に転倒したあと，そのまま立ち上がり，歩行を継続するというような全体の行動は，**図 7.15** の**状態遷移図**として表すことができます．状態遷移図とは，ロボットの取り得る状態とその関係を表した図で，フローチャートを拡張したものだと考えて差し支えないでしょう．この状態遷移図をもとに，ロボットがさまざまな状態に対応して行動するようなプログラムを開発していきます．

図 7.14 をもう少し説明しておきましょう．同図の仰向けから立ち上がる一連の動作は，ここでは手をつく，足に重心を乗せる，立ち上がるという動作で実現されます．また，歩行中は左右の脚

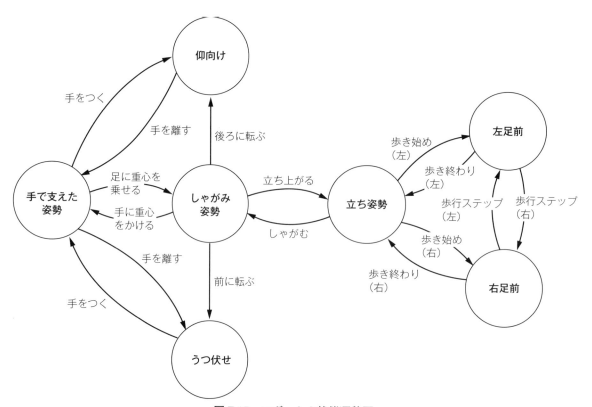

図 7.15　ロボットの状態遷移図

を移動させるステップ動作を繰り返します．この歩行中にすべって転倒し，仰向けの状態，あるいはうつ伏せの状態になったとして，そこから歩行途中の状態（左足前または右足前）へ戻るためには，この遷移図を見れば，うつ伏せで両手を床につけた状態（手で支えた姿勢）から，しゃがんだ状態（しゃがみ姿勢），立った状態（立ち姿勢）をとる，という一連の動作が必要であるということがわかります．またさらに，この復帰動作の途中で，さらに失敗して倒れてしまった場合でも，その状態から歩行中の状態への経路を探索することで，転倒からの復帰が可能となります．

ロボットの行動プログラムの概要を説明してきましたが，実際のプログラムでは，ロボットの役割を考え，ロボットのもつ機能を考慮して，その役割をどのように実現するかを検討する必要があります．

一例としてVisiON 4Gのサッカー競技における動作プログラムについて紹介します．サッカー競技は，ボールを相手ゴールにシュートする行動と，相手のシュートからゴールを守る行動が要求されます．シューターロボットに必要な動作には，前後左右への歩行動作，うつ伏せ・仰向けからの起き上がり，シュート動作などがあり，キーパーロボットには，シューターロボットの動きに加えて，ボールセーブ動作も必要です．ボールを正確にキックするためには，ロボットとボールの位置関係が重要ですし，シュートを蹴る方向の微調整も必要になります．

このように考えると，単に歩行といっても，歩幅や旋回角度が細かく調整できるように配慮が必要となります．より早く行動させることで試合を優位に進めることは可能ですが，試合時間を通して行動できる耐久性を無視することもできません．VisiON 4Gの場合，歩行スピードは，耐久性や安定性を考慮して，最高歩行速度の半分程度に抑えています．その反面，歩行方法は，前後・左右・斜めへの歩行や旋回はもちろん，歩幅も状況に応じて自由に調整できるプログラムがなされており，正確で強いシュートができます．キーパーロボットのセーブ動作についても，5種類の動作を状況に応じて使い分けるプログラムで作られています．

Chapter 8
行動の計画と実行

8.1 古典的アーキテクチャ
8.2 反射行動に基づくアーキテクチャ
8.3 反射行動に基づくアーキテクチャの具体例
8.4 計画行動

おもな内容
・古典的アーキテクチャ
・反射行動に基づくアーキテクチャ
・地図を用いた行動計画制御するための理論などについて

8.1 古典的アーキテクチャ

これまでに，ロボットのセンサやモータの動かしかたの話をしてきました．ここでは，よりロボットを賢くするための技術について話をします．すなわち，ロボットの頭脳にあたるしくみの話です．

センサからの情報を処理して，どういう行動をとるかを決める役割は，ちょうど人間の頭脳のはたらきにあたり，人工知能の研究分野が対象としている部分です．詳しくは，人工知能の教科書を参考にしてもらうとして，ここではその入門的な内容について説明していきます．

センサ情報から考えられる環境のモデルを作成し，それに基づき，事前に作成されたルール（どういう状態のときに，どの行動をとるべきかが記載されている）に従って，さまざまな行動を決定します．このようなロボットのしくみ（**アーキテクチャ**と呼びます）は，古くは**図 8.1** に示すように考えられてきました．これを**古典的アーキテクチャ**と呼びます．

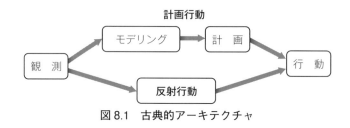

図 8.1　古典的アーキテクチャ

古典的には，図 8.1 に示すようにセンサ情報をもとに，周りの状況をなるべく正確に把握し，計画を立てて行動する**計画行動**の部分と，常に起動されていて，センサ情報に反射的に反応する**反射行動**からなります．反射行動は，物にぶつかったら停止するというように，計画行動とは独立に，センサが反応したときには常に実行されるものです．

一方，計画行動は，環境を精密にモデリングし，与えられたタスクを達成するためにどのように行動すればよいか，事前に計画を生成して行動するものです．計画行動において，センサで得られた情報は，人間が想定する特定の表現（たとえば 3 次元幾何モデル）に基づき記述され，環境のモデルとなります（図 8.1 の「モデリング」）．かんたんなモデルの例には，地図があります．計画行動では，さらに得られた環境モデル上で目的とする状態に至るまでの行動計画を行い（図 8.1 の「計画」），計画的な行動を実行します．

この古典的なアーキテクチャの問題点は，与えられたタスクを正確に実行できる正確なモデルを与えないといけないことにあります．モデリングが不正確であると，適切な計画が立てられず，その結果，ロボットはうまく動かないことになります．一般にロボットのセンサだけで，ロボットの周りの正確なモデルや地図を作ることは容易ではありません．

このような古典的アーキテクチャは，計画行動の部分が，よく考えてから行動するという人間の行動に似ているため，**熟考型アーキテクチャ**とも呼ばれます．しかし，当然のことながら，実際の熟考型アーキテクチャに基づくロボットにおいても，図 8.1 に示すように，単純な反射行動は実装されており，純粋に熟考型アーキテクチャのみ（モデリングと計画のみ）で構成されるロボットは

ほとんどありません．ゆえに，正しくは熟考型アーキテクチャに反射行動を合わせた，ハイブリッド型アーキテクチャのことを古典的アーキテクチャと呼びます．これまでに開発されたほとんどのロボットは，このアーキテクチャに従って設計されています．

8.2 反射行動に基づくアーキテクチャ

図 8.2 は，ロドニー・ブルックス教授によって提案された**反射行動に基づくアーキテクチャ**（subsumption architecture）です．最も単純な反射行動のうえに，順に階層的に行動を積み上げていくアーキテクチャで，古典的アーキテクチャのようにモデリングや計画を行いません．すべて並列に実行される反射行動のみから構成されています．ブルックスはこのアーキテクチャを用いて昆虫型のロボットを実現しました．昆虫は人間のように大きな脳をもたないため，モデリングや計画ではなくて，センサに反応するさまざまな反射行動のみから行動しているという発想です．反射行動を多数準備して，その実行順序を適切に決めれば，昆虫なみの行動が実現できるという期待があり，実際に非常によく動くロボットが実現しました．

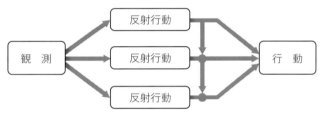

図 8.2　反射行動に基づくアーキテクチャ

この反射行動に基づくアーキテクチャの問題点は，計画しないことにあります．複雑な環境で適切に動こうと思えば，環境をモデリングして計画に沿って行動する熟考型の行動は必要不可欠です．サッカーロボットにおいても，最初のうちは反射行動に基づくアーキテクチャでかなりよく動くロボットが実現できるでしょう．しかし，ほかの選手の位置を見ながら，いろいろ考えた行動をとるには，やはりモデリングと計画が必要になります．

反射行動に基づくアーキテクチャのもう一つの問題は，そのネットワーク構造を決めることが難しい点です．図 8.2 に示されるように，反射行動の実行順序関係は，反射行動の間に張り巡らされるネットワーク構造で決まります．このネットワーク構造は，上位の反射行動が下位の反射行動を優先するという，**包摂**（subsume）という規則をもっています．これは反射行動が二つ実行可能なときに，どちらを実行するかを一つに決めるためのしくみです．では，この反射行動のネットワークはどのように決めればいいのでしょうか．実際に，ロボットのさまざまな行動を反射行動のネットワークで表現するのは，大変手間がかかります．直感的にこれでよいだろうというように，反射行動をつないでみて，実際にロボットを動かして確かめ，よくなければ再度つなぎ直すというように，手探りで最適なネットワークを決める必要があります．ロボットの行動が複雑になると，この作業は非常に手間がかかり，古典的アーキテクチャに基づいてロボットを開発するよりも手間がかかっ

てしまいます．しかし，比較的単純な行動をとるロボットで，反射行動に基づくアーキテクチャで実現されたものは，モデリングや計画など時間のかかる作業がないため，非常に素早く動くことができます．

　古典的アーキテクチャを採用するか，反射行動に基づくアーキテクチャを採用するかは，どのようなロボットを作りたいか，ロボットをどのような環境で動かしたいかなど，目的や状況に応じて慎重に決めなければなりません．複雑なロボットを作れば作るほど，この問題は難しくなります．この問題は，まさにロボットの研究者が取り組んでいる問題と同じです．

　研究において最も大事なのはアイデアです．必ずしも専門家がよいアイデアを出すとは限りません．もしかしたら，皆さんのなかから，すばらしいアイデアで複雑な作業を人間のように実行するロボットを開発する人が出てくるかもしれません．

8.3　反射行動に基づくアーキテクチャの具体例

　では，具体的にロボットはどのように作るのでしょうか．ここでは，すでに開発されたロボットのしくみを紹介しながら，その作りかたを考えていきます．反射行動に基づくアーキテクチャによって作られたロボット **Myrmix** について見てみましょう．

　Myrmix は，食物を見つけて食べるという，動物にとって最も基本的な機能をもったロボットとして開発されました（図 **8.3**）．ただし，実際にロボットが物を食べるわけではなくて，それに対応するロボットの動作を決めています．Myrmix は食物を検出するとその食物に向かい，その前で停止し，ライトを点灯します．これが，ものを「食べる」ということに相当します．そして，しばらく時間が経過したのち，ロボットは方向を変えて再び動き出します．Myrmix が食べたものを「消化」するためにはある程度の時間を必要とし，この「消化期間」中は，遭遇したすべての食物をただ回避して動きます．これを示すために，ライトは点灯したままにします．すなわち，ライトは「食べたものが胃のなかにある」という状態を表しています．一定時間が経過し，完全に「消化」されると，ライトを消して再び食物を探し「食べる」という行動をとります．このような Mymix の

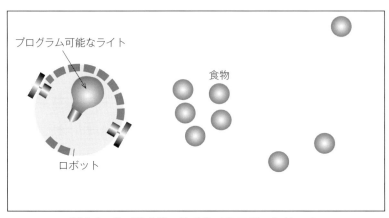

図 8.3　食べ物を見つけて食べるロボット Myrmix

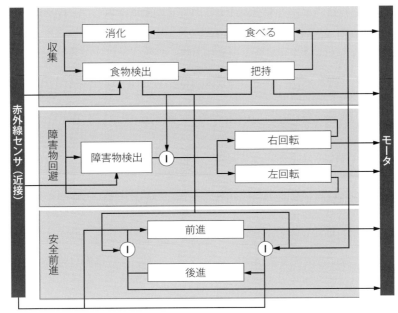

図 8.4　Myrmix の反射行動に基づくアーキテクチャ

しくみは，**図 8.4** のような反射行動アーキテクチャで表すことができます．

　反射行動に基づくアーキテクチャで最も重要なのは，先にも述べたとおり，そのネットワーク構造を決めることです．Myrmix は「安全前進」「障害物回避」「収集」という三つの基本的機能をもっています．この三つの基本機能を実現するために，さまざまな反射行動をつなぎ合わせたのが図 8.4 です．同図のなかで，Ⓘ は，その印に向かう矢印からの行動が，その印が付けられた経路に優先されて割り込んでくるという意味をもちます．

　この反射行動に基づくアーキテクチャがはたらくようすを，もう少し説明しましょう．最も低い位置にある安全前進は，ロボットを前方に直進させると同時に，ロボットが障害物と衝突しないようにします．安全前進の機能は「前進」と「後進」という二つの反射行動からなります．

　Myrmix は通常「前進」の状態にあります．「前進」反射行動は二つのモータをあらかじめ定義された速度で回転させ，ロボットを前進させます．しかし，実際にはロボットが前進を始める前に，前進経路上に障害物がないかどうかをチェックするなど，いくつかの動作が必要となります．そのため，まずロボットは，前面に取り付けられた赤外線センサで，進路上に障害物がないかどうかをチェックします．赤外線センサの値がある一定の値（しきい値）より大きい，つまり進路上に障害物がある場合には，ロボットの制御は「後進」へと移り変わります．障害物がない場合には「前進」を続けます．「後進」反射行動は，モータをあらかじめ定義された負の速度で回転させ，ある一定時間ロボットを後退させるものです．そして，ロボット後方の赤外線センサによって，衝突のチェックをします．後方で衝突が検出された場合や，決められた一定時間後進をした場合には，ロボットの制御は再び「前進」へと移行します．このような二つのモジュールのはたらきの結果，ロボットは障害物と衝突することなく前進することができます．

　さらに，前方の障害物と遭遇した場合には，単に後進するだけでなく，障害物を回避するような

機能が必要であることは容易に想像できます．これが，安全前進の上に位置する，障害物回避の機能です．この障害物回避の機能も，図 8.4 に示されるように，反射行動をつなぎ合わせて実現することができます．

8.4 計画行動

　反射行動に基づくアーキテクチャを用いれば，昆虫のように素早く動くロボットを比較的かんたんに作ることができます．しかし，より高度な作業をするロボットは，環境をモデリングし，計画を立てた行動をとる必要があります．ここでは，与えられた環境の地図をもとに，移動できる場所を調べ，計画的に行動するロボットのしくみについて紹介しましょう．
　ロボットが人間の意図に従って移動するには，なんらかの方法で移動経路を知らなければなりません．その方法として，まず地図が与えられ，ロボットのだいたいの現在位置と，目的地が知らされている場合を考えましょう．ロボットが行うべきことは，次の四つです．

(1) 地図によって，おおまかな移動経路を決める．
(2) 自分の周囲の環境と地図との対応をとる．
(3) 当面の移動軌跡を決め，移動する．
(4) 地図にない障害物を避ける．

　(1)に関しては，地図から最短経路を探索する既存の方法が使えます．これは，本書の前半で説明したマニピュレータの動作計画と同じです．さまざまな方法がありますが，詳しくは専門書を参考にしてください．(4)に関しては，敏速に障害物を検出しなければならないので，屋内では超音波センサが用いられることが多いです．また，そのしくみは，先に述べた反射行動に基づくアーキテクチャのような形で実現されたりします．(2)と(3)では，環境の構造を調べるセンサを選ぶ必要があります．むろん，超音波センサも使うことは可能ですが，それよりも精度の高いセンサが必要です．人間の場合は，二つの目で見て，その視差情報から環境の構造を知ることができますが，ロボットでもこの人間の目のしくみと同様の方法が使われます．これは，二つのカメラを人間の目のように配置した**両眼立体視**（**ステレオ視**）と呼ばれる方法です．ステレオ視で環境の構造を調べ，それを地図と比較することによって，ロボットは自分が環境のなかのどこにいるのかを知ることができます．図 **8.5** に，このようなセンサをもつロボットの例を示します．これは，ATR 知能ロボティクス研究所で開発された **Robovie-R2** です．
　さてここで，ロボットには，図 **8.6** に示すような地図があらかじめ与えられ，さらにロボットは，図に描かれている軌道に沿って移動するとしましょう．また，地図には**ランドマーク**も記されているとします．ランドマークとは，目立つ目標物で，与えられた地図と，実際のロボットのセンサ（両眼立体視など）から得られた情報を比較して，ロボットの現在地を知るために役立つものです．一般には，柱とか机の角のような，特徴的な場所が選ばれます．図 **8.7** は，ロボットに搭載された 2 台のカメラを用いて，両眼立体視を行っているようすを表しています．2 台のカメラそれぞれから

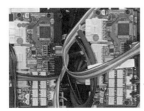
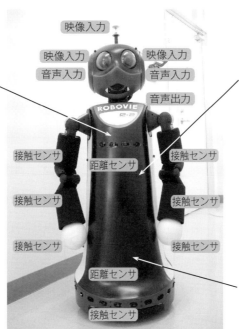

図 8.5　自律移動ロボット Robovie-R2

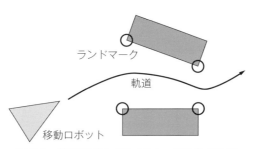

図 8.6　移動経路とランドマークを含む地図

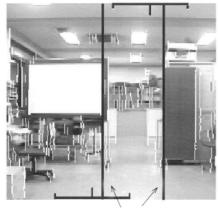

図 8.7　垂直線のステレオ対応（写真提供：大阪大学三浦研究室）

得られた画像から，垂直線を検出します（垂直線の検出はエッジ検出オペレータなどを用いて画像解析することで発見できます．詳しくは画像処理の本を参考にしてください）．垂直線を検出したのち，左右の画像でどの垂直線とどの垂直線が対応するかを求めると（対応問題を解くといいます），三角測量の原理で，垂直線，すなわち物体の端の位置を求めることができます．ここで，垂直線は先に述べたランドマークとも呼ばれます．このようにランドマークは，画像処理で発見しやすく，環境の構造を表したものが選ばれます．

1 計測や移動の誤差

さて，実際にロボットが移動する際に問題となることは，「環境の計測や移動には誤差を伴う」ということです．人間の感覚と同様に，ロボットのセンサも完璧ではありません．必ず誤差を伴います．この誤差が積もり積もると，ロボットには深刻な問題となり，ロボットは今どこにいるのかさえわからなくなります．

ランドマークを環境から見つけ出すためには，「今ロボットはここにいるから，おそらくこのあたりにランドマークがあるだろう」と予測したところを中心に，ランドマークを探索する必要があります．無論，環境全体を探索してもよいのですが，それではあまりにむだが大きく，このような予測は，ロボットを素早く動かすためにも，できるかぎり用いないほうがよいでしょう．先の垂直線をランドマークとする例では，両眼立体視の誤差や，ロボットの位置決めの誤差を考慮して，ロボットの位置から，ランドマークが見えるであろう範囲を両眼立体視によって観測します．さらに，その範囲内で垂直線を検出し位置を求め，どれがランドマークであるかを調べます．

2 観測時間

ランドマークの3次元位置がわかると，自分の現在地を推定できるので，予定の軌道に沿って移動するようにハンドルを操作できます．しかし，ここでまた新たな問題が出てきます．それは，「環境の観測では，データの入力から結果が得られるまでに時間がかかる」という問題です．

もし，画像を入力してから結果が出るまで静止していると，移動がぎくしゃくしてしまいます．なめらかに動き続けるためには，画像処理をしている間も移動を続けなければなりません．そのためには，以下のようにします．

まず，時刻 t を基準として，その一つ前の時刻 $(t-1)$ で，ロボットの位置と誤差の推定が得られているとします．**図8.8** の左の黒丸と，それを中心とした大きい楕円がそれを表します．そして，この時点で画像を入力して処理を始めます．処理をしながら移動すると，時刻 t では移動の誤差が加わって，誤差の楕円はさらに大きくなります（図中の点線の楕円）．しかし，この時点で処理が終われば，一つ前の位置がより正確にわかります（小さい楕円）．すると，t での位置もより正確になります（同図の右の小さいほうの楕円）．

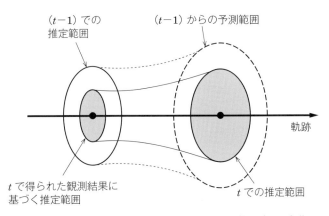

図 8.8 止まらないで走行する場合の誤差（楕円）の変化

3 人間による誘導

　最後に，**行動計画**について説明します．先にも述べたように，ゴールが与えられていれば最短のコースを見つけて，それに向かうように移動すればよいわけです．しかし，たいていの場合，複数の経路があって，よりていねいに人間がロボットに目標を与えることが望ましいような場合が，多々存在します．そのような人間からロボットへ目標を与える方式として，人間が直接ロボットを連れて歩くという方法があります．ロボットアームではティーチングプレイバック方式と呼ばれる方法（2.1.5 項参照）で，人間がロボットアームの先端をまず動かして，その動きをロボットが記録して，再現するという方法と同じです．ロボットアームと異なるのは，ロボットアームの根元は環境に固定されており，ロボットアームの動作にはほとんど誤差が伴わないのに対して，移動ロボットの場合は，移動中のスリップなどにより，かんたんにロボットの位置がくるってしまう点です．

　ロボットを連れながらロボットに道を教えるという手段にも，複数の方法が考えられます．人がリモコンでロボットのハンドルを直接動かしたり，人のあとを追いかけるロボットの機能を利用したりする方法があります．どちらにしろ，ロボットにとって重要なのは，人がロボットに道を教えている間に，ロボットは十分に環境のようすを観測して，その経路を覚えるということです．

　図 8.9 にかんたんな例を示します．ロボットは，人間に誘導される際に，一定間隔で一定範囲の方向を見て，障害物を見つけておきます．この場合も，移動と観測の誤差を考慮して，一つ前に見たものと，現在見ている物の，どれとどれが対応するかを決める必要があります．そうすることによって，移動しながら観測した結果をつないで，一つの地図を作ることができます．同図の太い線が，観測された障害物やランドマークです．

　ロボットと人間の多様な関係や，ロボットのより複雑な行動を考える際には，ここで述べた問題が非常に重要になってきます．工夫しだいでロボットはいくらでも人間に親しみやすく，賢いものになっていきます．ほかの文献も参考にしながら，いろいろな方法を学んでください．

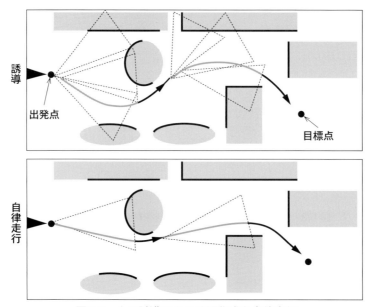

図 8.9 人の誘導による地図作成と自律走行

Chapter 9
ネットワークによる連携と発展

9.1 ネットワーク技術の発展
9.2 ロボットへのネットワークの搭載
9.3 クラウドサーバと連携したロボット
9.4 ネットワークで繋がった世界「IoT」

おもな内容
・通信技術の発展とインターネットの起源
・ネットワークの種類と活用例
・ロボットにおけるネットワークの活用

対応する高等学校の教科書
・情報関係の教科書に，TCP/IP などのネットワークのしくみの説明や，社会に及ぼす影響への言及があります．

9.1 ネットワーク技術の発展

ネットワークの技術は，単純なデータの転送や遠隔地のセンシングといった用途にとどまらず，ロボットから離れた場所で膨大な計算を行ったり，複数のロボットが連携して動作したりすることを可能とし，ロボットに欠かせない存在となりました．本章で，その歴史と概要を説明します．

1 コンピュータ通信発展の歴史的経緯

コンピュータの通信には，初期段階では電話線が使われていました．電話は，1876 年に米国のアレクサンダー・グラハム・ベルが発明し，そののち世界中に普及していきました．

日本では，1890 年に，東京-横浜間における 200 台の電話で交換サービスが始まりました．さらに 1979 年には，今の携帯電話の原型である NTT の自動車電話サービスが始まりました．そして，1981 年には，今や家庭でも利用されている光ファイバ通信システムが，NTT によって商用電話回線に導入されました．

今のインターネットの起源は，1869 年に開発された米国の軍用データ通信ネットワーク，**アーパネット**（ARPAnet）です．この軍事用データ通信ネットワークを使って，メールをやりとりしたり，データを共有したりする技術が研究されました．そして今日，インターネットとして世界中の人々が利用するようになったのです．

アーパネットの開発に続いて，コンピュータ同士が通信をする**プロトコル**が開発されました．プロトコルとは，通信をするときの手順です．たとえば電話では「相手の電話番号を使って相手を呼び出して，相手が電話口に出たら話を始める」という手順がありますが，コンピュータ同士の通信にも同じような手順が作られたのです．1978 年に米国の研究者により，現在我々が使っている TCP/IP というプロトコルの原型が完成しました．そして，ISO（国際標準化機構）により，1979 年に OSI 参照モデルが採択されました．ISO とは世界中で共通利用するいろいろなものの仕様を定める機関です．この機関によって，現在のインターネットのプロトコルの標準形である OSI 参照モデルが，共通の仕様として決められ，TCP/IP はその具体例の一つとして，現在世界中で利用されています．

2 有線ネットワークと無線ネットワーク

現在のコンピュータネットワークは，固定されたコンピュータをつなぐ**有線ネットワーク**と，移動しながら利用できる**無線ネットワーク**に大別できます．有線ネットワークにおいて，大量のデータが流れる部分では，光ファイバが用いられます．また，無線ネットワークでは，比較的近い距離の高速通信では Wi-Fi が，広い範囲での通信では 3G や 4G といった携帯電話の通信回線が使われています．屋内や屋外を移動するロボットにも，これらの Wi-Fi や携帯電話の通信回線が利用されます．

図 9.1 に示すのは，通信回線を利用した屋外を移動するロボットの例で，自律型ロボット 2 台が屋外で協調作業を行っているようすを表すイメージ画像です．現場での運用はまだ実現していませんが，展示会で公開されています．

図9.1 コマツの自律運転油圧ショベルと自律運転クローラダンプ（イメージ）

9.2 ロボットへのネットワークの搭載

コンピュータネットワークは，パソコン同士を繋ぐだけでなく，ロボットのなかのさまざまな機能をつなぐためにも使われます．

そういったネットワークのなかで，実用化されている代表的なものの一つが，自動車内ネットワークの **CAN**（Controller Area Network）です（**図 9.2**）．自動車のなかには，さまざまな電子部品や小型コンピュータが使われており，まさにロボットのように複雑になっています．そして，それら電子部品や小型コンピュータの間の通信を担うのが CAN なのです．

(a) CAN を使用しない場合の配線　　(b) CAN を使用した場合の配線

図 9.2　CAN（Controller Area Network）

比較的小型のロボットでは，**USB**（**ユニバーサルシリアル通信バス**）を使ったネットワークが使われています．日常的に使うパソコンにも，USB のポートがいくつも備わっており，USB を使って，

図 9.3　USB を使った通信

さまざまな周辺機器をパソコンに接続することができます．

多くのロボットでも，USB を使った通信が行われています．ロボットの内部には，おもに，モータを制御する小型コンピュータ，画像や音声を処理する小型コンピュータ，それらから情報を受け取ってロボットの行動を決定する中心的な役割を果たすコンピュータが必要です．これらのコンピュータの間は，多くの場合，USB で接続されています（**図 9.3**）．

無論，USB 以外にも，ロボット内のコンピュータを接続する方法は，さまざまに考えられます．ロボットの規模や利用目的に応じて，イーサネットや RS-485，I^2C などが使われることがあります．

9.3　クラウドサーバと連携したロボット

ロボットは単に作業をするだけのものではなくて，人と関わり，多様なサービスを提供することが期待されています．そのためには，人間の声や動作を正確に認識する機能が必要です．

2010 年代に発明された**深層学習**（Deep Learning）などの人工知能技術によって，人間の声をテキストに変換する技術（**音声認識**）や，画像や映像に映し出されたものがなにか答える技術（**画像認識**）は，飛躍的に進歩しました．これらの技術には，大規模なニューラルネットワーク（人間の神経回路網を模倣したパターン認識のためのプログラム）が必要です．

しかしながら，この大規模なニューラルネットワークは，非常に大量のメモリをもつ高速なコンピュータが必要で，ロボットに搭載することができません．そのために**クラウドサーバ**を用います．

クラウドとは「雲」という意味です．また，サーバとは，計算資源を提供するコンピュータ，すなわち，一般には大型の高性能なコンピュータを意味します．つまり，広大なネットワーク上のさまざまな場所に雲のように配置された高性能なコンピュータを，クラウドサーバと呼んでいます．特定のコンピュータによる計算を行う物理サーバと異なり，コンピュータの設置場所や台数を意識せず，計算資源のみを利用できることが，クラウドサーバの特徴です．

このクラウドサーバとロボットを，有線や無線のコンピュータネットワークで接続することで，

ロボットは高性能な音声認識技術や画像認識技術を用いて，人間の声を認識したり，目の前にあるものを視覚的に認識したりすることができるようになります（**図 9.4**）．このようなことができると，ロボットは人と関わり，その関わりを通してサービスを提供できるようになるのです．

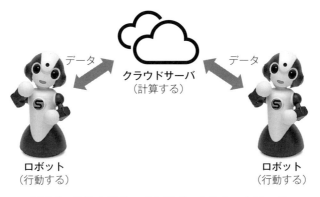

図 9.4　クラウドサーバとロボットのネットワーク

9.4　ネットワークで繋がった世界「IoT」

コンピュータネットワークには，ロボットだけでなく，さまざまなものが接続されています．我々はすでに日常生活において，スマートフォンなどを用いて，コンピュータネットワークで接続されたさまざまなものを利用しています．たとえば，電車に乗る際にも，スマートフォンを改札口のシステムにかざすだけで通過できます．こうしたコンピュータネットワークにさまざまな機器が接続された社会を，**IoT**（Internet of Things；**モノのインターネット**）と呼びます．

ロボットは，自らがもっているセンサやアクチュエータだけでなく，人間同様に，IoT を利用することで多様な能力を身につけることができます．人間やロボットも含めてインターネット上のさまざまなものがつながり，連携して，さまざまなサービスを生み出していく．それが IoT のもたらす未来社会です（**図 9.5**）．

図 9.5　コンピュータネットワークでつながった社会

Chapter 10
ロボット製作実習

> 10.1 ロボットを動かすためのソフトウェア RobovieMaker2
> 10.2 モーション作成実習
> 10.3 アルミ加工
> 10.4 ロボットの組立て（アルミ加工版）
> 10.5 3Dプリンタ
> 10.6 ロボットの組立て（3Dプリンタ版）

> **おもな内容**
> ・ロボットを動かすためのソフトウェアの学習
> ・モーションの作成方法と注意点
> ・各板金の寸法データ
> ・アルミの加工，および3Dプリンタによるフレーム作成
> ・ロボット本体の組立て

10.1 ロボットを動かすためのソフトウェア RobovieMaker2

RobovieMaker2 は，PC に接続されたロボットの関節を動かし，ロボットの「モーション」を作成するためのソフトウェアです．ATR 知能ロボティクス研究所で開発され，ヴイストン社（https://www.vstone.co.jp）が製造・販売を行っています．

「モーション」とは，「歩く」「手を振る」「起き上がる」など，一連の動作を表します．モーションは動作中のある時点におけるロボットの姿勢を表す「ポーズ」によって構成され，複数のポーズを時系列でロボットに指示することで，一つの動作となります．これと似たような構造をもつものとして，アニメーションがあげられます．アニメーションの1コマが，ロボットの一つのポーズに相当します．ロボット用 CPU ボード「VS-RC003HV」では，ロボットのポーズ間の動きを補完する処理が行われるため，ポーズを細かく指定しなくても目的の動作を行うことができます．

ここでは，RobovieMaker2 の基本的な説明およびロボットのモーション作成方法について説明します．

1 動作環境

RobovieMaker2 は，以下の環境で動作します．

- OS .... Microsoft Windows 2000 / XP / Vista / 7 / 8 / 8.1 / 10
- CPU .... Pentium III 以降（1 GHz 以上推奨）
- RAM .... 128 MB 以上
- 画面サイズ .... XGA 以上
- インタフェース ..... USB

2 RobovieMaker2 のインストール

まず，以下の URL より RobovieMaker2 のインストーラをダウンロードしてください（**図 10.1**）．

https://www.vstone.co.jp/products/robovie_i2/download.html

図 10.1　インストーラの起動

次に，ダウンロードした"RobovieMaker2_Inst_***.exe"（***にはバージョンを表す数値が入ります）をダブルクリックしてください．

"RobovieMaker2_Inst_***.exe"をダブルクリックすると，**図10.2**のようなウインドウが表示されます．下記画像の説明に従ってインストールを進めてください．

以上でインストール作業は終了です．

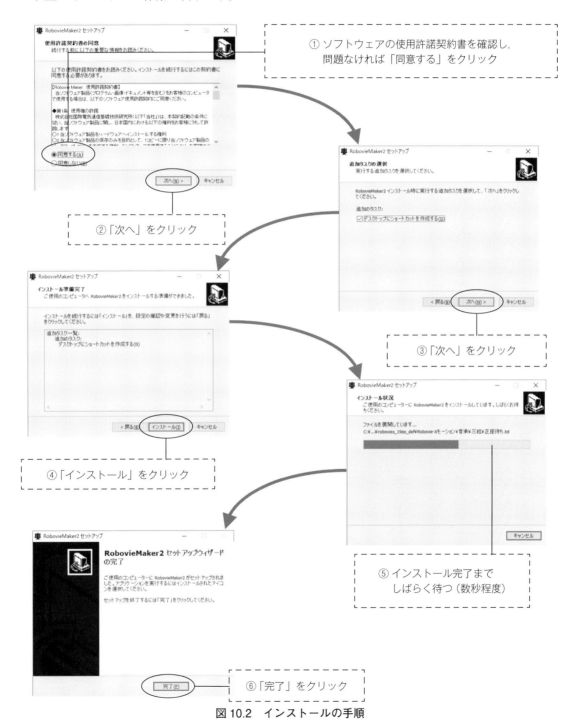

図10.2　インストールの手順

3 PCへのCPUボードの接続

次に，PCにロボットのCPUボード「VS-RC003HV」（以下，CPUボードと記述）を通信ケーブルで接続し，PCにCPUボードを認識させてください（**図10.3**）．

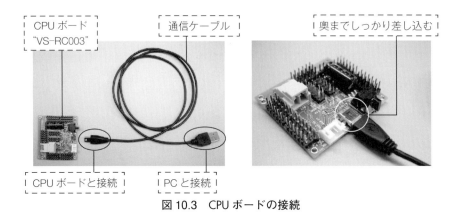

図10.3　CPUボードの接続

PCにCPUボードを接続すると，PCは自動的にCPUボードを認識します．はじめてPCにCPUボードを接続した場合は，若干認識に時間がかかります（数十秒程度）．また，はじめてPCにCPUボードを接続した場合は，**図10.4**のようなフキダシ（ポップアップ）が画面に表示されます．

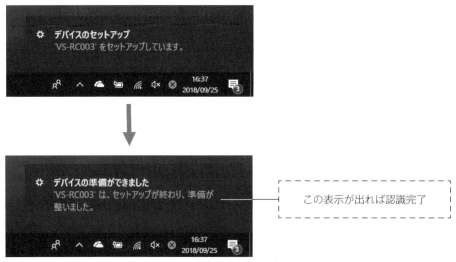

図10.4　CPUボードの認識（Windows 10の場合）

一度PCがCPUボードを認識すると，次に接続した場合は，前記のフキダシを表示せずに数秒で認識を完了します．PCがCPUボードを認識したときには，合図として効果音がPCのスピーカから1～2回鳴ります．

4 ロボットプロジェクトの作成

次に，PCにインストールしたRobovieMaker2を立ち上げて，PCからロボット本体を動かせるよ

うにするための準備をします．

RobovieMaker2 を立ち上げる場合は**図 10.5** の手順で行います．

図 10.5　RobovieMaker2 の立ち上げ

PC にインストールした RobovieMaker2 を立ち上げると，初回起動時には次ページのダイアログが表示されます．それぞれ**図 10.6** の手順に従って作業を進めてください．

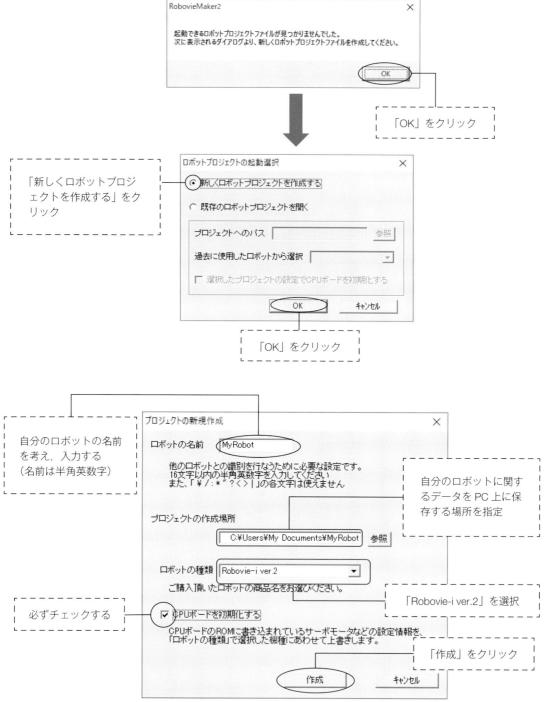

図 10.6　新規ロボットプロジェクトの作成

　新品の CPU ボードをはじめて使う場合は，必ず CPU ボードを初期化する必要があります．PC に CPU ボードを接続し，PC が CPU ボードを認識したことを確認して**図 10.7** の作業を進めてください．

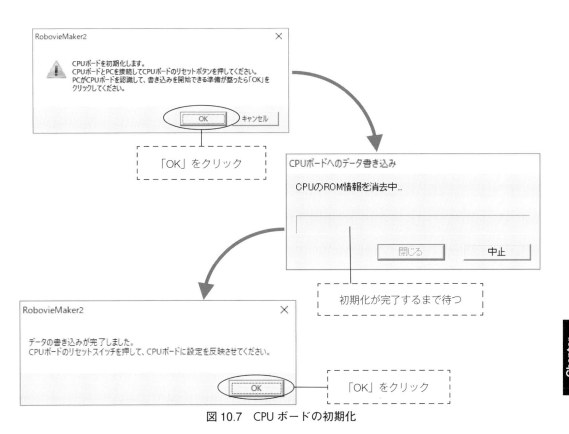

図 10.7　CPU ボードの初期化

CPU ボードの初期化終了後，必ず CPU ボードのリセットスイッチ（**図 10.8**）を押してください．

図 10.8　リセットスイッチ

以上で CPU ボードの初期化は完了です．初期化が完了すると自動的に**図 10.9** のウインドウが開きます．

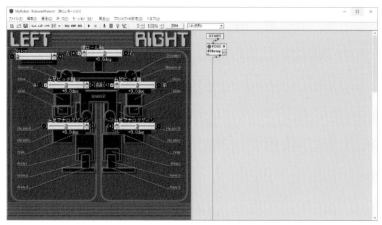

図 10.9　初期化完了後のウインドウ

5　基本操作

RobovieMaker2 のメイン画面は**図 10.10** のようになっています．

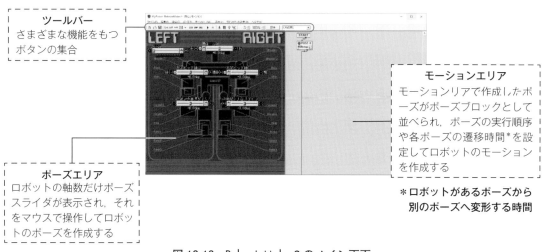

図 10.10　RobovieMaker2 のメイン画面

　画面は大きく左右の二つに分かれており，左側がロボットの関節を動かして特定のポーズを作成する「ポーズエリア」，右側がポーズエリアで作成したポーズを複数並べて一連のモーションを作成する「モーションエリア」です．また，ウインドウ上部のメニューの下には，さまざまな機能をもつボタンが並んだ「ツールバー」があります．

　ポーズエリアの内容やツールバーのボタンの配置などは，設定によって異なります．ここでは，RobovieMaker2 で新しくロボットプロジェクトを作成した際に，ロボットの種類に Robovie-i Ver.2 を指定した場合を基準として説明を進めます．

　ポーズエリアでは，ロボットの関節（モータ）や音声などの機能に対応して，**図 10.11** のような「ポーズスライダ」が表示されています．ロボットの関節にも一つずつ対応するポーズスライダが存在し，こちらから関節の操作を行います．

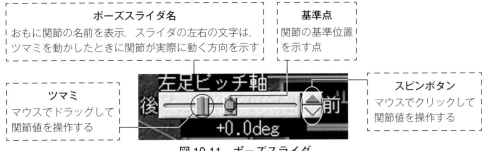

図 10.11　ポーズスライダ

　ポーズスライダは，関節の位置を特定の数値で表します．数値の実態は－30 000〜30 000 の範囲の数値ですが，画面上では図 10.11 のように角度単位で表示します．

　ポーズスライダはツマミやスピンボタン などのマウスで操作できるコントローラを備えており，ツマミのドラッグやスピンボタンのクリックでポーズ中の関節の角度を設定します．また，ポーズスライダには，各関節の基準位置となる基準点が存在します．基準位置は，ロボットプロジェクトの作成時に設定したロボットの種類によって，あらかじめ設定されます．なお，ロボットと通信してサーボモータの電源を入れている場合，スライダの操作に合わせて実際にロボットの関節が動きます．また，ロボットと通信している場合，「関節の現在位置」として，現在のロボットの補間値がポーズスライダに透き通ったツマミで表示されます（あくまで PC からの指示によって動く関節ごとの補間値であり，実際のサーボモータの角度を表すものではありません）．

　ポーズエリアで作成したポーズはモーションエリアに登録されます．モーションエリアではポーズごとにポーズブロックが表示され，モーション再生時に登録されたポーズを実行する順番や，各ポーズの動作時間／速度を表す遷移時間を設定して，モーションを編集します（**図 10.12**）．

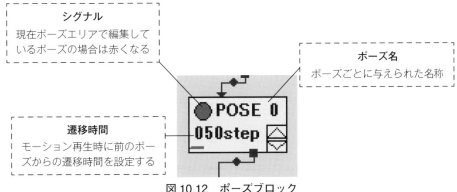

図 10.12　ポーズブロック

　遷移時間は，モーション再生時に，ロボットが一つ前のポーズから編集中のポーズへ移行する際にかかる時間を表します．遷移時間は数値が小さいほど短くなり，また遷移時間を短く設定するとロボットの動きも速くなります．遷移時間はポーズブロックの数値表示の右側にあるスピンボタン で設定します．遷移時間を過度に短く設定した場合，物理的にモータが追従しきれなかったり，ロボットがバランスを崩して転倒しやすくなったりと，なんらかの問題が発生します．

　作成したモーションを再生する場合は，ロボットと通信を開始してツールバーの再生ボタン

をクリックします（**図 10.13**）．

図 10.13　再生 / 停止ボタン

　新規にモーションを作成する場合，保存したモーションを読み込む場合，作成したモーションをファイルに保存する場合は，ツールバーの新規，開く，上書き保存の各ボタンをクリックします．

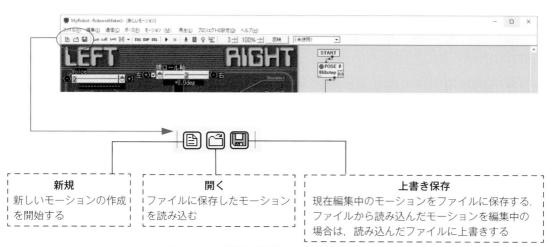

図 10.14　新規，開く，上書き保存ボタン

6　CPU ボードとサーボモータ 1 個を接続して動かす

　それでは，実際に CPU ボードにサーボモータをつないで，かんたんなモーションを作成してみましょう．まず，**図 10.15** を参考に，サーボモータ，電源，通信ケーブルを CPU ボードに接続してください（図 10.15 の写真は参考画像です．サーボモータや電源の種類は実際の物と異なる場合があります）．

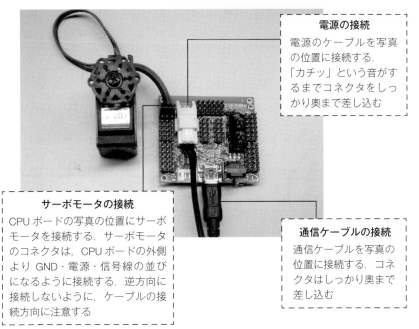

図 10.15 サーボモータ，電源，通信ケーブルの接続

通信ケーブルのもう一方を PC に接続し，RobovieMaker2 を立ち上げてください．RobovieMaker2 を立ち上げたら，ツールバーのオンラインボタンをクリックし，続いてサーボモータ ON/OFF ボタン をクリックしてください（**図 10.16**）．

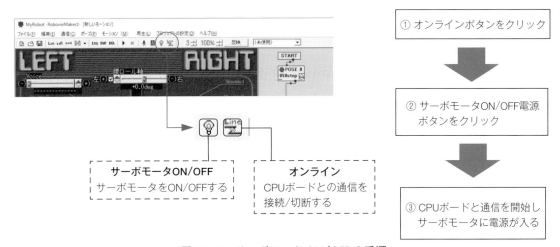

図 10.16 サーボモータ ON/OFF の手順

ここまでの手順が正しければ，CPU ボードにつないだサーボモータが ON になり，画面上のオンラインボタン とサーボモータ ON/OFF ボタン が凹んだ状態になります．CPU ボードと通信ができない，サーボモータが ON にならないなど正しく動かない場合は，次のことを確かめてください．

- 通信ケーブルを奥までしっかり接続していますか？
- 電源ケーブルを奥までしっかり接続していますか？
- 電源から充分な電力が正しく供給されていますか？
- サーボモータのケーブルを接続する向きは正しいですか？
- サーボモータのケーブルを接続する位置は正しいですか？

次に，ポーズスライダを動かしてサーボモータを動かしてみます（**図 10.17**）．現在 CPU ボードにつながっているサーボモータは，左足ピッチ軸のポーズスライダに相当します．左足ピッチのポーズスライダを操作してサーボモータを動かしてみましょう．

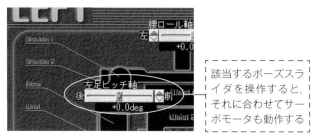

図 10.17　ポーズスライダの操作

ポーズスライダを操作する方法は，おもにスピンボタン の上下をクリックするか，ツマミをマウスでドラッグするかの2通りです（**図 10.18**）．CPU ボードと通信してサーボモータを ON にした状態でポーズスライダを操作すると，画面上の操作に合わせて実際にサーボモータが動きます．

図 10.18　左足ピッチ軸のポーズスライダ

次に，複数のポーズを登録してモーションを作成してみましょう．ツールバーの複製ボタン **DUP** をクリックすると，現在ポーズエリアで編集しているポーズがコピーされて，モーションエリアに登録されます（**図 10.19**）．

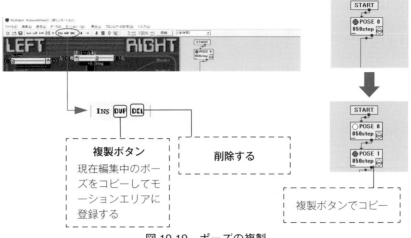

図 10.19　ポーズの複製

　ポーズエリアでは，モーションエリアに登録したポーズを同時に一つしか編集できません．ポーズエリアで編集するポーズを選択する場合は，ポーズブロックのシグナルをクリックしてください（**図 10.20**）．

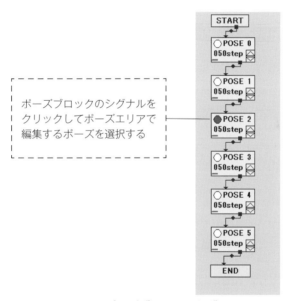

図 10.20　ポーズブロックのシグナル

　それでは，作成したモーションを再生してみましょう．ツールバーの再生ボタン ▶ をクリックすると，スタートブロックにつながっているポーズから，順番にモーションを再生します（**図 10.21**）．

図 10.21　モーションの再生

　スピンボタンでポーズごとの遷移時間を変更することで，モーション中の任意の動作を速くしたり遅くしたりすることができます（**図 10.22**）．

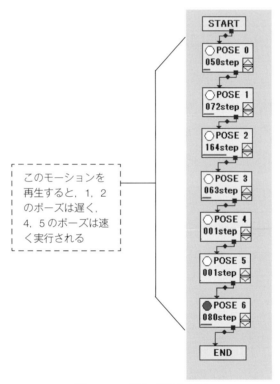

このモーションを再生すると，1, 2 のポーズは遅く，4, 5 のポーズは速く実行される

図 10.22　遷移時間の変更

　ポーズが上から順番に実行されるのは，青い矢印がすべて次のポーズにつながっているからです．この矢印はモーション実行時のポーズの実行順序を表す「フロー」といい，このフローのつながりかたを変更すると，間のポーズを飛ばしたり，同じポーズを繰り返し実行したりします（**図 10.23**）．

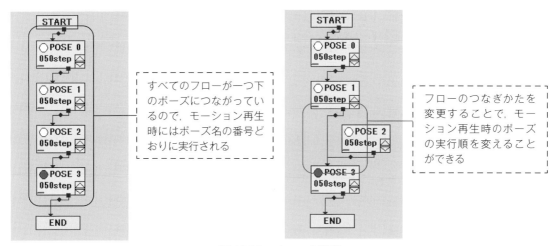

図 10.23　フローの設定

同じポーズが繰り返されるようにフローをつなぐと，ツールバーの停止ボタンをクリックするまで，ずっとモーション再生を繰り返します．これは，どこで繰り返しを抜ければよいのかという情報がないためです．任意の状況で繰り返しを抜けるようにしたい場合は，ループブロックを使用して，繰り返しの途中で抜け道を設定する必要があります．

このように正しく抜け道の設定された繰り返し構造を**ループ構造**といい，再生すると終端にたどり着くことなく永久にモーションを繰り返す構造を**無限ループ**といいます（**図 10.24**）．なお，無限ループはモーションを再生するときにトラブルの原因となることが多いため，無限ループとなる設定は行わないでください．

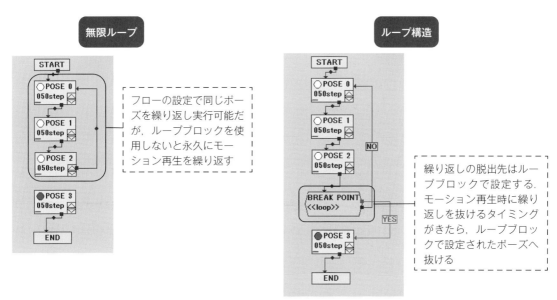

図 10.24　ループ構造と無限ループ

モーション再生時に繰り返しを行う回数は，モーション編集中やコントローラでの操作など，モーションを再生する環境によって指定方法が異なります．モーション編集中の場合は，ツールバーの

ループ回数によって繰り返しの回数を指定します（**図 10.25**）．なお，ループ回数は「モーション再生中にループブロックを実行した回数」でカウントされるので，注意してください．また，ループ回数に－1を指定すると，永久にモーションを再生し続けます．

図 10.25　ループ回数

10.2　モーション作成実習

ここでは，ロボットのモーション作成はどのような点に注意して行えばよいかを，**Robovie-i Ver.2**（開発・製造・販売：ヴイストン株式会社）を用いた歩行モーションの作成を例に説明します．

なお，ロボットのモーション作成にはRobovieMaker2を使用します．RobovieMaker2の取扱説明は，前節を参照してください．

1　サーボモータの位置補正について

モーションを作成する前に，ロボットに使用しているサーボモータの位置補正を行う必要があります．一般的に，サーボモータにはギアの位置に個体差があり，同機種のサーボモータに同じ角度信号を与えても，実際の両者の位置には若干の差が生じます．サーボモータの個体差に伴う影響をなくすために，サーボモータの位置補正を行います．

サーボモータの位置補正をモーション作成と独立して行うことによって，同タイプのロボットのモーションファイルを共有化することができます．また，サーボモータの交換後も以前に作成したモーションファイルを変更せずに使用することができます．

2　基準ポーズについて

ロボットのモーション作成やサーボモータの位置補正を行う前に，RobovieMaker2の「基準ポーズ」という概念を理解してください．基準ポーズとは，ロボットの基本的なポーズを表し，モーションやポーズを作成する際のもととなる姿勢です．基準ポーズはロボットの種類によりさまざまです

が，共通事項として「気を付け」の姿勢のように，ロボットが安定して直立した状態に設定します．サーボモータの位置補正は，各サーボモータが基準ポーズの角度値に対して実際にどの程度ずれているかによって変わります．

基準ポーズは，ロボットにとって最も安定した姿勢が設定されています．Robovie-i Ver.2 の基準ポーズの写真は図 10.30 (p.137) として掲載しているので，そちらを参照してください．

3 サーボモータの位置補正を行う

それでは，RobovieMaker2 でサーボモータの位置補正を行う具体的な手順について説明します．まず，RobovieMaker2 を立ち上げ，ロボットに電源と通信ケーブルを接続して，RobovieMaker2 から通信を開始してください．ロボットとの通信を開始するには，オンラインボタンをクリックしてください（**図 10.26**）．

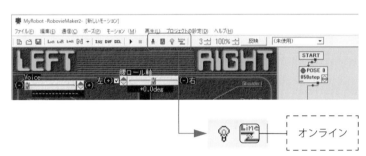

図 10.26　ロボットとの通信の開始

次に，ロボット本体の電源スイッチを ON にし，背中のハンドルをつかんでロボットを持ち上げた状態にしてください（**図 10.27**）．

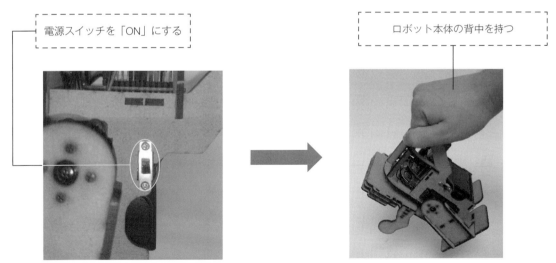

図 10.27　電源スイッチを ON

次に，サーボモータ ON/OFF ボタン をクリックして，サーボモータを ON にしてください（**図 10.28**）．このとき，ロボットが一瞬「ビクッ」とする場合がありますので注意してください．

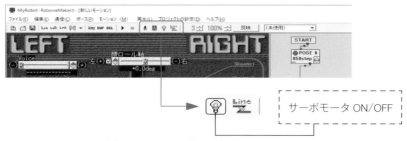

図 10.28　サーボモータを ON にする

　ロボットのサーボモータを ON にしたら，ロボットが**図 10.29** のような姿勢で固まります．このままでは基準ポーズがずれており，正しい動きができないので，サーボモータの位置補正をする必要があります．

図 10.29　サーボモータの位置補正をしていない状態

　Robovie-i Ver.2 の基準ポーズは，**図 10.30** のようになります．

　サーボモータの位置補正は，ポーズスライダからロボットのサーボモータを動かして行います．ポーズエリアに並んだポーズスライダをマウスで操作すると，それに対応するロボットのサーボモータが動きます（**図 10.31**）．図 10.30 を参考に，ポーズスライダからサーボモータを操作して，ロボットを基準ポーズと同じ姿勢に合わせてください．

　なお，サーボモータの位置補正の作業中は，ロボットの関節に指を挟みこんだり，周囲の物とぶつかって事故や故障を起こしたりする危険性があります．作業中は必ずロボット背面のハンドルをつかみ，ロボットを片手で持ち上げた状態で行ってください．

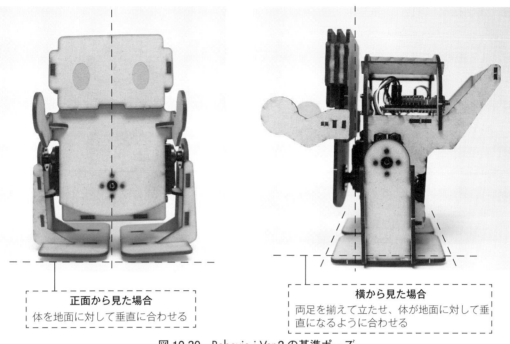

図 10.30 Robovie-i Ver.2 の基準ポーズ

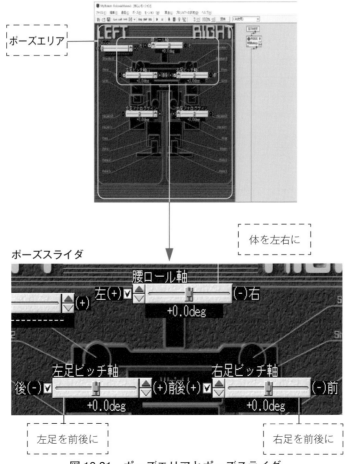

図 10.31 ポーズエリアとポーズスライダ

サーボモータの位置補正の際には，一度にサーボモータを大きく動かさないように，ポーズスライダのスピンボタン🔼をクリックして行ってください（**図 10.32**）．また，**モータロック**（p.141 の Column 参照）に十分注意してください．スピンボタン🔼をクリックしたときにサーボモータが動く方向は，ポーズスライダの左右に書いている方向と同じです（ロボットを後ろから見たときの方向になります）．

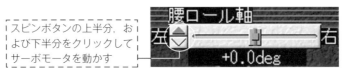

図 10.32　サーボモータの位置補正

ロボットのすべての関節を基準ポーズと同じ姿勢に合わせたら，ツールバーのサーボモータ位置補正ボタン🚶をクリックしてください（**図 10.33**）．

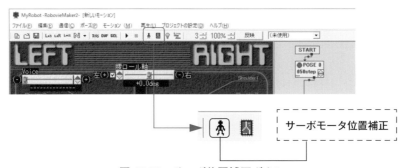

図 10.33　サーボ位置補正ボタン

サーボモータ位置補正ボタンをクリックすると**図 10.34** のようなダイアログが開くので，以下に従って作業を進めてください．

ここまでの作業で，サーボモータの位置補正を行い，その情報を CPU ボードの RAM に書き込みました．しかし，このままでは CPU ボードを再起動すると設定が失われるため，CPU ボードの ROM に位置補正情報を記録します．

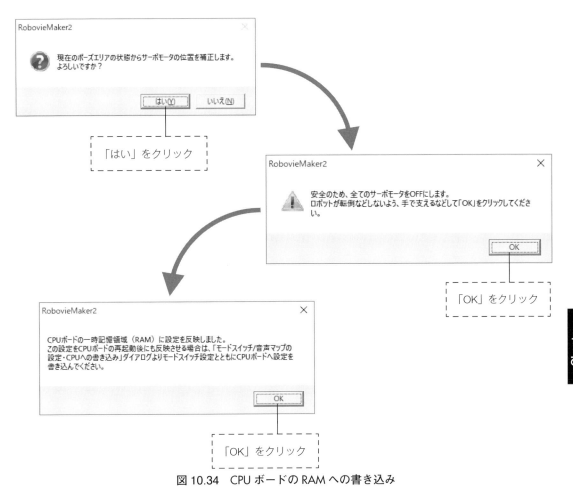
図 10.34　CPU ボードの RAM への書き込み

ツールバーの CPU ボードへの書き込みボタン ■ をクリックしてください（**図 10.35**）．

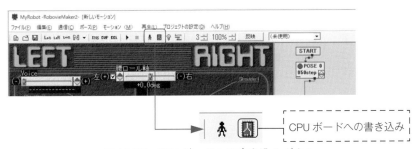
図 10.35　CPU ボードへの書き込みボタン

クリックすると**図 10.36** のようなダイアログが開くので，指示に従って作業を進めてください．
「書き込みを実行」ボタンをクリックすると，**図 10.37** のダイアログが開きます．説明手順に従って作業を進めてください．

これで，サーボモータの位置補正は完了です．なお，作業完了後は CPU ボードに設定を反映させるため，必ず CPU ボードのリセットスイッチを押してください．

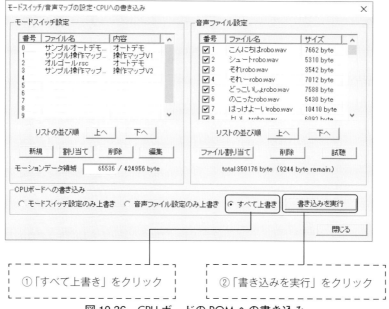

図 10.36　CPU ボードの ROM への書き込み

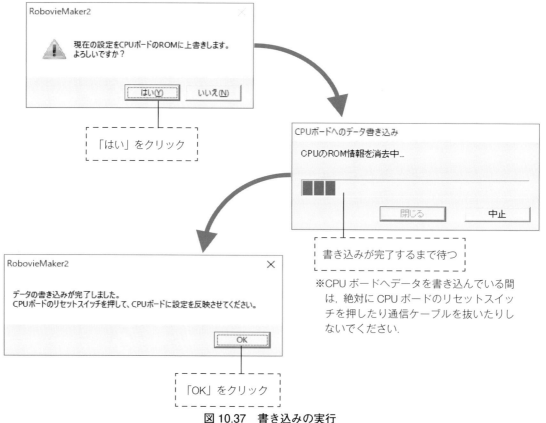

図 10.37　書き込みの実行

Column　モータロックについて

　モータロックとは，サーボモータが大きな荷重を受けて，本来の指定角度に到達できないなど無理な負荷がかかっている状態です．この状態が長く続くと，サーボモータが次第に発熱し，最終的にはサーボモータ内部より発煙して故障します．また，故障に至らなくても，サーボモータに非常に大きな負担がかかり，サーボモータ自身の寿命を縮めることになります．

　モータロックを起こす原因は，ロボットの体同士の干渉（動作中に手足が絡んだり体に引っかかったりする）や，片足立ちなどの特定のサーボモータに負荷が集中するポーズを長時間続けることなどがあげられます．サーボモータがモータロックを起こしていると，振動とモータ音が大きくなります．サーボモータを動かしているときにこれらの現象が見られた場合は，該当するサーボモータを手で触って温度を確かめ，熱くなっている場合はロボットの電源を切ってサーボモータが冷えるまで休ませてください．

4　歩行モーションの作成

　それでは，歩行モーションの作成に移ります．歩行モーションには，大きく分けて**静歩行**と**動歩行**の2種類があります．静歩行は常に足裏に重心を乗せ，安定状態を確保して行う歩行です．静作の安定性は非常に高く，モーションの作成もかんたんですが，あまり速い歩行はできません．一方，動歩行は，足裏に重心を乗せずに上体を倒す力を利用した歩行です．静歩行に比べて非常に高速に歩行することができますが，動作の安定性確保のため，リアルタイムで足の挙動を計算したり，さまざまなセンサを付け足してフィードバック制御したりと，非常に高度な技術が必要となります．ここでは，作成がかんたんな静歩行について説明します．

　新しくモーションを作り始めるときは，ツールバーの新規ボタン をクリックしてください（図10.38）．基準ポーズが1個存在します．次にツールバーの複製ボタン をクリックし，基準ポーズをコピーして2個目のポーズを作成します．モーションの作成時には，1個目のポーズは基準ポーズのまま残しておき，2個目のポーズから実際の動作を作成し始めます．また，動作の最後は必ず基準ポーズに戻るようにポーズを作成します．このようにモーションデータの最初と最後を基準ポーズにしておくことで，トラブルの少ないモーション作成ができます．

図10.38　新規モーションの作成

まず，基準ポーズから1歩目を踏み出す動作を作成してみましょう．続いて，2番目のポーズとして，ロボットの重心を片足に乗せる動作を作成します（**図 10.39**）．ポーズエリアより，腰ロール軸のポーズスライダを動かして，約60°胴体を右側に傾けてください．すると，右足裏を支点にロボットの体が右側へ傾き，右足の上に重心が乗ります．この状態で，左足の足裏は地面から離れて，片足立ち状態になります．

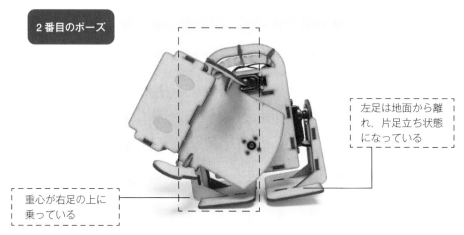

図 10.39　2番目のポーズ

このポーズが作成できたら，ツールバーの複製ボタンを押して，3番目のポーズの編集に移ります．3番目のポーズは，地面から離れた足を約7°前に踏み出す動作を作成します（**図 10.40**）．ポーズスライダより「左足ピッチ軸」を操作し，左足を前に動かしてください．

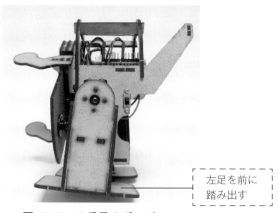

図 10.40　3番目のポーズ

3番目のポーズが作成できたら，先ほどと同じく，ツールバーの複製ボタンを押して次のポーズの編集に移ります．4番目のポーズは，踏み出した足を地面に降ろすとともに，今度は左足の上に重心を移す動作を作成します（**図 10.41**）．ポーズエリアより腰ロール軸を動かして，2番目のポーズを左右反転したように，胴体を左側へ約60°倒してください．すると，左足を踏み降ろすとともに重心が左足裏へ一気に移ります．

図 10.41　4番目のポーズ

ここまでで，基準ポーズから一歩目を踏み出すまでのモーションは作成できました．それでは，ここで作成したモーションが正しく動作するか，実際にモーションを再生して確認しましょう．ツールバーの再生ボタンをクリックしてモーションを再生し，基準ポーズから左足を一歩踏み出すか確認してください．このとき次のような問題が起こる場合は，それぞれに説明している対処に従って，モーションを調整してください．

- 左足が地面に干渉してからだが回転する
  → 左足を踏み出すときの歩幅が大きすぎます．少し歩幅を狭くしてみてください．
- 足を踏み出すときに体が左側に倒れる
  → 重心が右足の足裏に乗り切っていません．少し体を右側に倒してみる，体を右側に倒す際の遷移時間を短くするなどの対応策を試してみてください．

続いて，片足を前に出した状態から反対側の足を踏み出す動作を作成していきます．ツールバーの複製ボタン **DUP** を押して次のポーズの編集に移り，地面から離れた左足を前に踏み出す動作を作成します（**図 10.42**）．3番目のポーズを左右で反転するように全身の関節を動かしてください．

図 10.42　5番目のポーズ

ツールバーの複製ボタンを押して次のポーズの編集に移り，踏み出した足を地面に降ろすととも

に，反対側の足裏に重心を移す動作を作成します（**図10.43**）．腰ロール軸を右側へ約60°倒し，4番目のポーズを左右で反転した状態にします．これで，右足を踏み降ろすとともに，重心が右足裏へ移ります．

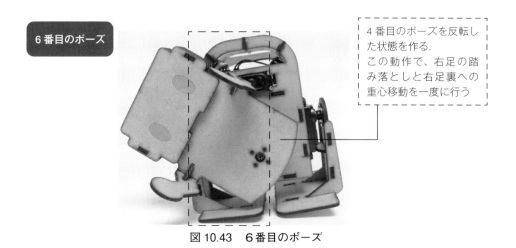

図10.43　6番目のポーズ

あとは3〜6番目のポーズを繰返し行うことで，連続的に歩行することができます．続いて，歩行している状態から基準ポーズに戻る動作を作成します．

歩行中から基準ポーズに戻る動作は，4番および6番のポーズからそれぞれつながります．ここでは6番のポーズからつながる動作を作成します（**図10.44**）．ツールバーの複製ボタン **DUP** を押して次のポーズの編集に移り，両足のピッチ軸を基準点に合わせてください．

7番目のポーズの作成が完了したら，ツールバーの複製ボタン **DUP** を押して次のポーズの編集に移り，腰ロール軸を基準点に合わせてロボットを基準ポーズに戻します（**図10.45**）．これで，歩行を中断して基準点に戻る動作は完成です．

以上，すべてのポーズの作成が完了したら，もう一度モーションを再生し，動作に問題がないか確認してください．

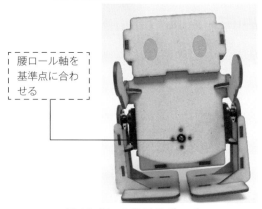

図10.44　7番目のポーズ　　　　図10.45　8番目のポーズ

5 歩行モーションにおけるポーズの実行順序

　ここまでの作業で，歩行に必要なポーズの作成は完了です．それでは，作成したポーズにフローとループブロックを接続してループ構造を作り，「指定したループ回数だけ歩き続け，最後に基準ポーズに戻る」というモーションにしてみましょう．フロー，ループブロック，ループ構造については p.132〜134 を参照してください．

　歩行モーションには，大きく分けて「基準ポーズから1歩目を踏み出す」「交互に足を踏み出して歩行する」「右足を前に出した状態から基準ポーズに戻る」「左足を前に出した状態から基準ポーズに戻る」という4種類の動作があり，それらによって構成されます．流れとしては，最初に一歩目を踏み出す動作をしたあとは，左右の足を交互に踏み出して歩行する動作を繰り返して歩行し，ループ回数が指定のカウントに達したら，その時点で前に出している足を軸足に基準ポーズへ戻る動作を行う，というものになります．

　この流れを図で表すと**図 10.46** のようになります．この流れ図を参考に，先ほど作成した歩行モーションにループ構造を加えたものを完成させてみてください．また，歩行モーションを作成できたら，遷移時間の調整による歩行速度の変更や，後ろ歩きや旋回歩行などの，新しいモーション作成にも挑戦してみてください．

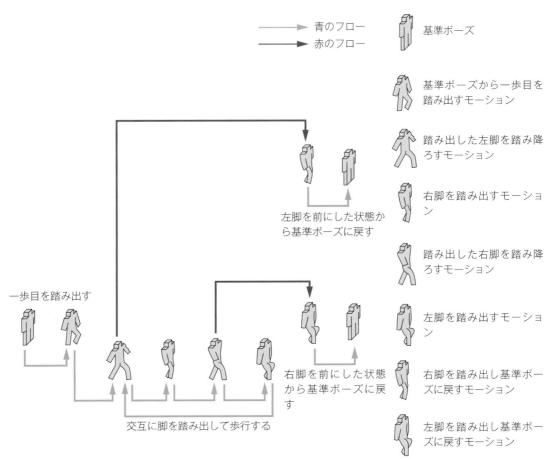

図 10.46　歩行モーションの流れ図

10.3 アルミ加工

1 材料

a) アルミ

DIYショップなどで購入できるアルミ板は，純アルミという種類です．柔らかく加工しやすいのですが，そのぶん強度が低くなります．

ロボットのフレーム作成には，マグネシウムを含有する中強度のA5052材というアルミ板が適しています．いろいろな厚みがありますが，手加工することを前提にすると，1〜1.5 mmの厚さが適当でしょう．p.151〜153の型紙は，1.0 mm厚のアルミ板専用になっています．

b) ネジ

必要なネジは，次のようになります．

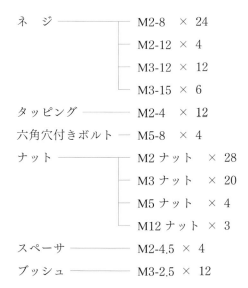

2 工具

- **ハンドニブラー**：アルミ板を少しずつ切り取る工具です．予算があれば，バンドソーなどの電動切断工具を購入すると，ぐんと作業効率が上がります．
- **センターポンチ / かなづち**：穴あけの中心点を決めるために使います．また，かなづちは，部品の曲がりを直す際にも使用します．
- **電動ドリル**：アルミに穴をあける道具です．安価ですが，高い精度が要求される作業には向いていません．予算があれば，なるべくボール盤を購入したほうがよいでしょう．
- **ハンドリーマ**：電動ドリルであけられる穴は$\phi 2〜4$ mm程度です．これよりも大きな穴をあけるには，ハンドリーマを使います．$\phi 3$を$\phi 10$にするハンドリーマが必要です．

- **やすり**：バリ（材料の端面にできる鋭角で不要な突起のこと）取りを行います．半円型のやすりが必要です．穴あけのときにできたバリは，穴より太いドリルでとります．
- **シール付プリント用紙**：OA用のシール付プリント用紙に付録の板金型紙をコピーします．アルミ板に貼って使います．
- **ジッポオイル**：シール付プリント用紙をアルミ板からはがすために使います．
- **万　力**：アルミ板の固定や曲げ加工に使います．万力の種類によっては，挟む面に凹凸があるものがあります．これにアルミ部品をそのまま挟むと傷がつきますので，平面になっている万力を使用してください．今回の加工では，最大67 mmの深さをもつ万力が必要です．
- **角　材**：アルミ板を曲げるときに使います．
- **ドライバ**：M2のネジは1番，M3のネジは2番のドライバで組み立てます．
- **六角レンチ**：六角穴付ボルトを固定するのに使用します．使用するのは4 mmの六角レンチです．

3　アルミ板金の作業工程

1）型紙の印刷

p.151〜153の型紙を，裏面がシールになっているプリント用紙にコピーします．

図10.47　型紙の印刷

2）型紙のカット

輪郭に合わせてシールを切ります．

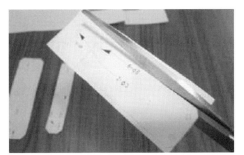

図10.48　型紙のカット

3）型紙の貼付け

裏面のシールをはがし，アルミ板にていねいに貼ります．切り取った余りのアルミ板の90°の角を有効利用し，ハンドニブラーで切る量を少なくします．

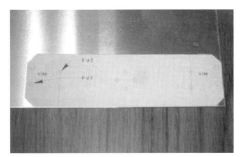

図10.49　型紙の貼付け

4）ポンチング

電気ドリルで穴あけを行う際に，最初の位置決めのために，穴をあける位置にセンターポンチを打ちます．穴あけの精度を決めるので，中心に慎重に打ちます．

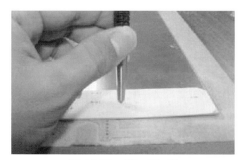

図 10.50　ポンチング

5）穴あけ

電動ドリルで穴をあけます．強く押しこみすぎてドリルを折らないように注意しましょう．

穴をあける位置が少しでもずれると，ネジを締めることができなくなります．穴の位置の誤差を吸収するために，ネジ穴（M2 や M3 と書いてある穴）以外の穴は少し大きめにしておきます．

穴の位置を p.154 以降の寸法データで確認しながらあけます．電動ドリルは穴の位置がずれやすいので，$\phi 2.0$ の箇所は $\phi 2.2$ くらいの穴径がよいでしょう．加工精度に自信のある人は $\phi 2.0$ のままでもかまいません．また，曲げ加工補助線上にある $\phi 2$ の穴は $\phi 2.2$ にする必要はありません．

図 10.51　穴あけ

6）切　断

ハンドニブラーを使い，アルミ板を切ります．切り取った余りのアルミはのちほど利用するため，角に従って斜めに切らずに，長方形に切り取ってから角を落とします．

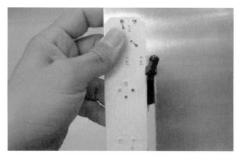

図 10.52　切　断

3）～ 6）の要領で，すべてのパーツを切り出します．

7）曲がりを直す

ハンドニブラーで切断するとアルミ板が曲がるので，平らなところで，ハンマーでたたいて修正します．

図 10.53　曲がりを直す

8）穴のバリ取り

穴をあけた箇所にはバリが出ているので，穴の径より大きめのドリルを用い，バリ取りを行います．

手で触ってみて，引っ掛かりがないことを確認します．型紙が貼ってある面も同様にバリ取りします．

図 10.54　穴のバリ取り

9）切断面のバリ取り

アルミ板の切り口にはバリが出ているので，やすりがけをしてバリを取ります．

手で触って引っかかりがなくなるまで，しっかりとバリ取りを行いましょう．

図 10.55　切断面のバリ取り

10）切断面のバリ取り（角）

角は，やすりを斜めにしてしっかりとバリ取りします．

図 10.56　切断面のバリ取り（角）

11）曲げの準備

切断したアルミ板の vise という文字が書いている部分を万力ではさみ，型紙の曲げ線に合わせてセットします．

図 10.57　曲げの準備

12）曲げ①

角材をアルミ部品と万力の水平の部分に当て，曲げ線を中心軸として角材を回すように曲げます．曲げる方向は，どの部品も，型紙が曲げる部分の山側にくるようにします．

型紙の vise のあとに数字が書いてある場合は，数字の順番に曲げます．万力の形状によっては，万力の端でアルミ部品を挟む必要があります．

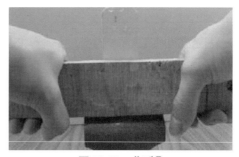

図 10.58　曲げ①

13）曲げ②

90°になるまで曲げます．曲げにくい場合はハンマーなどで叩いて曲げます．

図 10.59　曲げ②

14) φ10 以上の穴あけ補足①

φ10 以上の穴は，中心に φ3.0 の穴をあけ，ハンドリーマで広げます．

図 10.60　φ10 以上の穴あけ補足①

15) φ10 以上の穴あけ補足②

半円型のやすりで，広げた穴のバリを取ります．

図 10.61　φ10 以上の穴あけ補足②

16) φ10 以上の穴あけ補足③

中心から穴の位置がずれた場合は，半円型のやすりで形を整えます．

図 10.62　φ10 以上の穴あけ補足③

すべてのパーツを，7)～16) の要領で加工します．

17) 型紙をはがす

型紙をはがします．はがれにくい場合は，湯につけるか，ライターに使うジッポオイルをかけてまんべんなくすり込んでから，再度はがしてみてください．

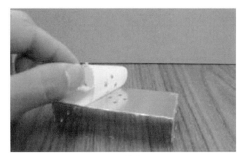

図 10.63　型紙をはがす

図 10.64～図 10.77 まで，型紙と寸法データを掲載します．

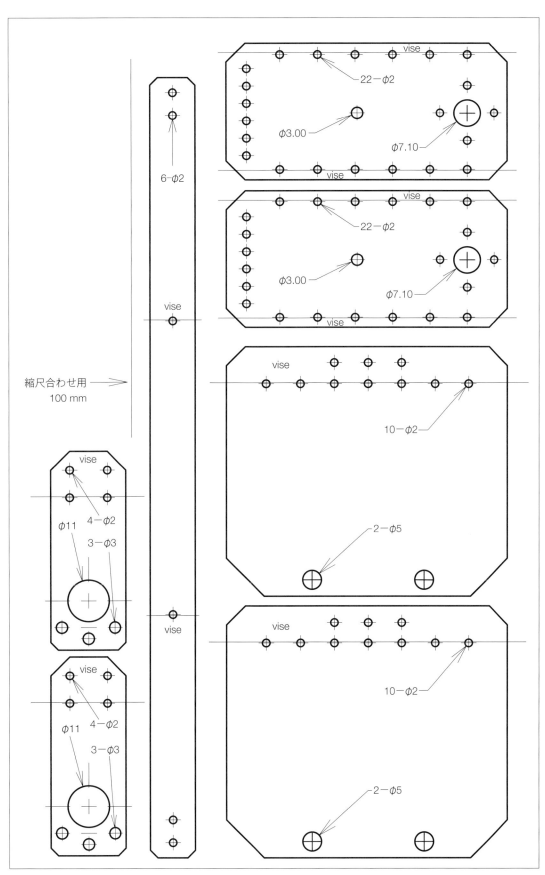

図 10.64　型紙 1

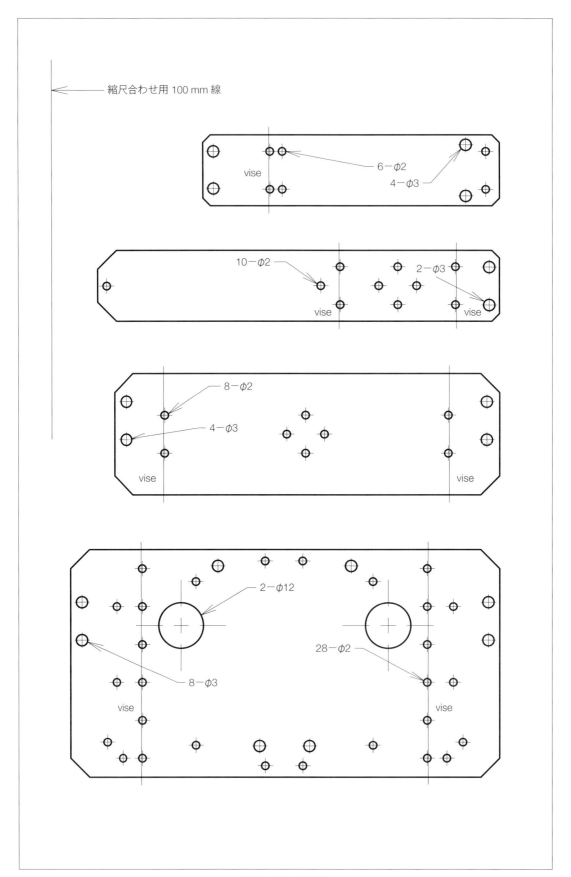

図 10.65　型紙 2

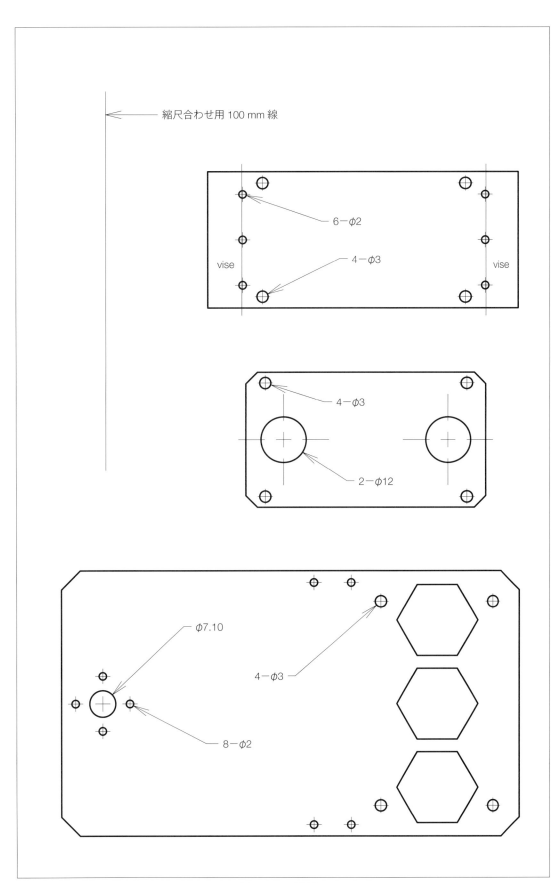

図 10.66　型紙 3

4 各板金の寸法データ

以下に示す寸法データは，アルミの厚さを 1 mm，曲げしろを 0.54 mm とした場合のものです．

a) 手

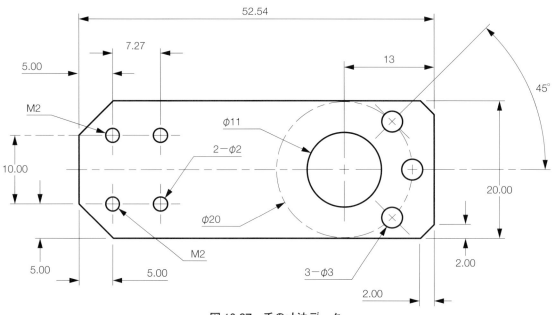

図 10.67　手の寸法データ

b) ボディ

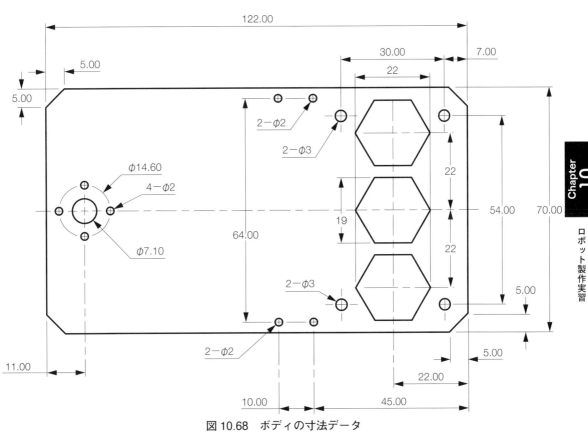

図 10.68 ボディの寸法データ

c）顔

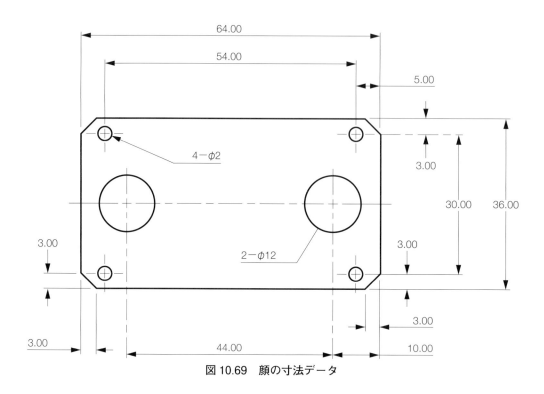

図 10.69　顔の寸法データ

d）頭

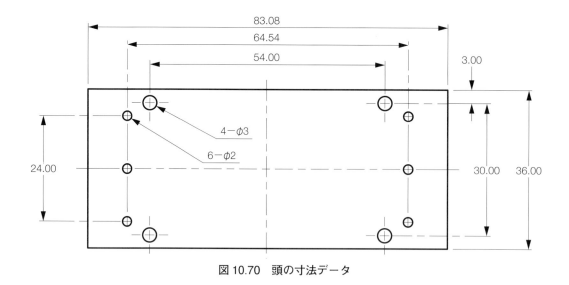

図 10.70　頭の寸法データ

e）取っ手

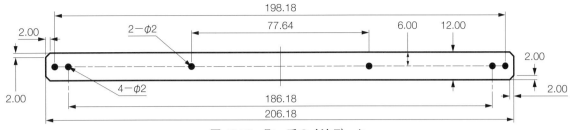

図 10.71　取っ手の寸法データ

f）足

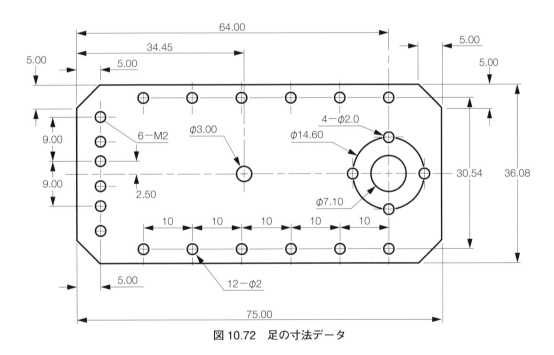

図 10.72　足の寸法データ

g）足裏

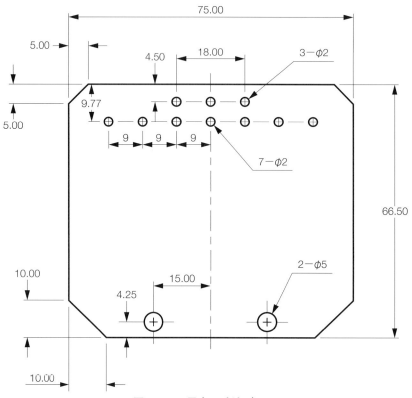

図10.73　足裏の寸法データ

h）パーツ A-1

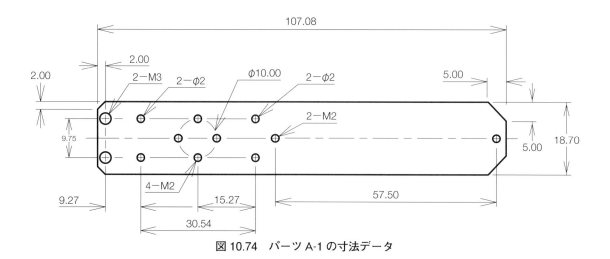

図10.74　パーツ A-1 の寸法データ

i) パーツ A-2

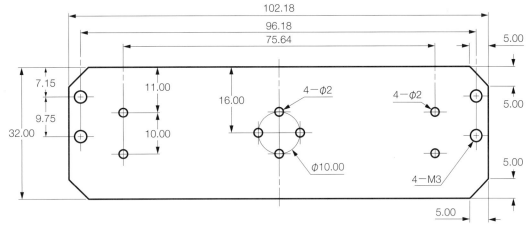

図10.75　パーツ A-2 の寸法データ

j) パーツ B-1

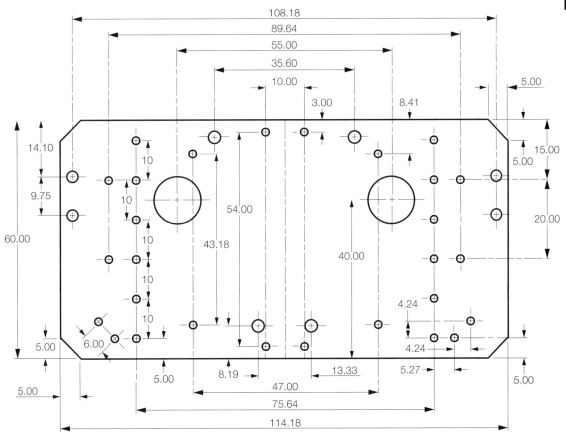

図10.76　パーツ B-1 の寸法データ

k）パーツ B-2

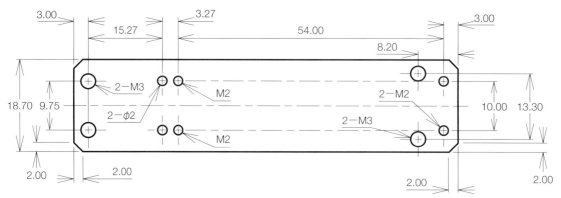

図 10.77　パーツ B-2 の寸法データ

10.4　ロボットの組立て（アルミ加工版）

1　必要な部品

図 10.78 と**図 10.79** は，組立てに必要な部品です．

図 10.79 に示した部品のうち，CPU ボードおよびサーボモータは，ヴイストン株式会社のロボットショップから購入できます．また，電池ボックスとコネクタ，コネクタ用ハウジングは，秋月電子通商より購入できます．

- CPU ボード（VS-RC003HV），サーボモータ（標準サーボモーター Type 2）：https://www.vstone.co.jp/robotshop/
- 電池ボックス（BH-341-2A150MM）・コネクタ（2226TG）・コネクタ用ハウジング（2226A-02）：http://akizukidenshi.com/catalog/default.aspx

図 10.78　組み立てに必要な部品①（次ページに続く）

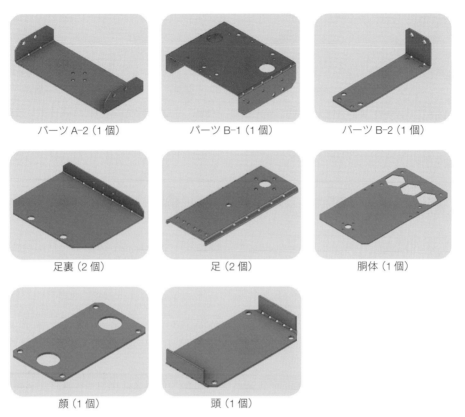

図 10.78　組み立てに必要な部品①（続き）

図 10.79　組み立てに必要な部品②（次ページに続く）

M2-4 タッピングネジ
（12 個）

M3-12 ネジ（12 個）

M3-15 ネジ（6 個）

M5-8 六角穴付ボルト
（4 個）

M3-2.5 ブッシュ（12 個）

M3-4.5 スペーサ（6 個）

M2.3 タッピングネジ（3 個）
＊サーボモータ付属

図 10.79　組み立てに必要な部品②（続き）

2　ロボットの組立て

準備として，サーボモータにサーボホーンがついている場合は，サーボホーンを取り外します．サーボホーンを固定していたタッピングネジは，なくさないように保管してください．

1) パーツ A-1 と A-2 を M2-8 ネジと M2 ナットでつなぎ，パーツ A を作ります（**図 10.80**）．

2) 電池ボックスのケーブルの先端に，コネクタとコネクタ用ハウジングを取り付けます．そののち，パーツ A と電池ボックスを M2-8 ネジと M2 ナットでつなぎます（**図 10.81**）．

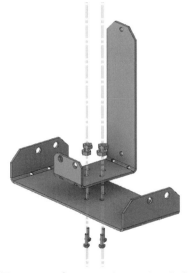

図 10.80　パーツ A-1 と A-2 をつなぐ

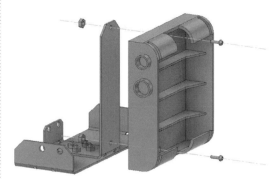

図 10.81　パーツ A と電池ボックスをつなぐ

3) パーツ B-1 と B-2 を M2-8 ネジと M2 ナットでつなぎ，パーツ B を作ります（**図 10.82**）．

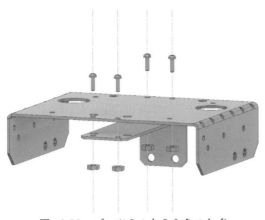

図 10.82　パーツ B-1 と B-2 をつなぐ

4) 足と足裏を M2-8 ネジと M2 ナットでつなぎ，左足を作ります．足部品は**図 10.83**の左から 1，3，5 番目の穴を使います．

サーボホーンを M2-4 のタッピングネジで左足に取り付けます．

足裏に M5-8 六角穴付ボルトを M5 ナットで取り付けます．

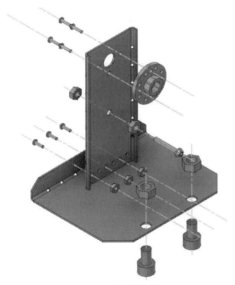

図 10.83　左足を作る

足の内側に M3-15 ネジを，M3 ナット 2 個で固定します．このとき，足の内側からネジの頭までの長さが 9.9 mm になるように調整してください（**図 10.84**）．

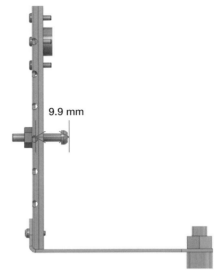

図 10.84　ネジの長さの調整

5) 足と足裏を M2-8 ネジと M2 ナットでつなぎ，右足を作ります．足部品は**図 10.85**の左から 2，4，6 番目の穴を使います．

サーボホーンを M2-4 のタッピングネジで右足に取り付けます．

足裏に M5-8 六角穴付ボルトを M5 ナットで取り付けます．

最後に左足と同様に，足の内側に M3-15 ネジを足の内側からネジの頭までの長さが 9.9 mm になるように M3 ナット 2 個で固定します．

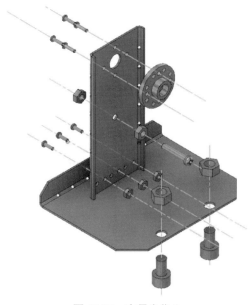

図 10.85　右足を作る

6) 顔と頭を，M12 ナットを挟み込むように，M3-15 ネジと M3 ナットで胴体に取り付けます．胴体と腕を M2-8 ネジと M2 ナットでつなぎ，上半身を作ります（**図 10.86**）．

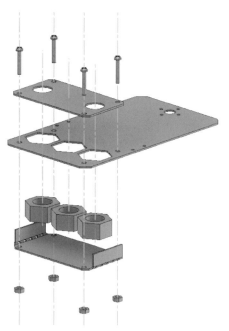

図 10.86　胴体の組立て①

サーボホーンを M2-4 タッピングネジで胴体に取り付けます（**図 10.87**）．

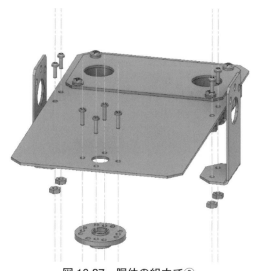

図 10.87　胴体の組立て②

7) **図 10.88** のように，サーボモータの三つのコネクタと電池ボックスのコネクタをパーツ B の穴に通します．図の右の穴にはサーボモータのコネクタが 2 本，左の穴には電池ボックスとサーボモータのコネクタがそれぞれ 1 本ずつ通っています．

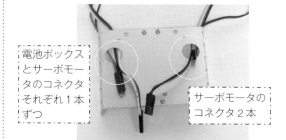

図 10.88　サーボモータと電池ボックスのコネクタをパーツ B の穴に通す

8) サーボモータ三つとパーツ A とパーツ B を M3-12 ネジ，M3-2.5 ブッシュ，M3 ナットでつなぎます（**図 10.89**）．

図 10.89　サーボモータ，パーツ A，パーツ B を
つなぐ

9) 左足をサーボモータに取り付けます（**図 10.90**）．このとき，足の可動範囲が，前に 90°以上，後ろに 90°以上になるように取り付けてください．

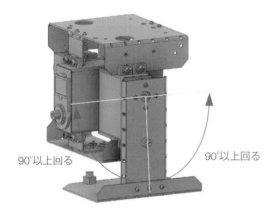

図 10.90　左足サーボモータを取り付ける

10) サーボホーンを取り付けていた M2.3 タッピングネジで左足をネジ止めしてください（**図 10.91**）．

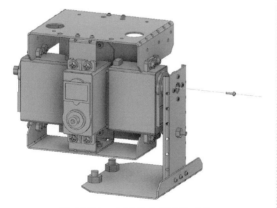

図 10.91　左足をネジ止めする

11) 同様に 9) の操作を行い，右足をタッピングネジでネジ止めしてください（**図 10.92**）．

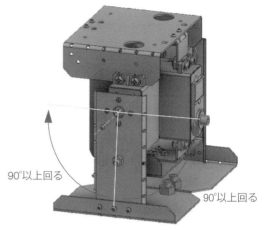

図 10.92　右足をネジ止めする

12) 同様に 9) の操作を行い，胴体をタッピングネジでネジ止めしてください（**図 10.93**）．

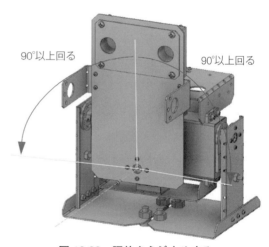

図 10.93　胴体をネジ止めする

13) CPU ボードをパーツ B の上に置き，サーボモータのコネクタを接続します．
CPU ボードの右列一番前に右足のサーボモータのコネクタ，右列の前から二番目に胴体サーボモータのコネクタ，左列の一番前に左足のサーボモータのコネクタを接続します．

サーボモータのコネクタは，GND が CPU ボードの外側に，信号線が CPU ボードの内側になるように接続します（**図 10.94**）．

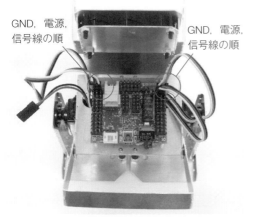

図 10.94　サーボモータのコネクタを接続する

14) CPU ボードとパーツ B を M2-12 ネジ，M2 ナット，M2-4.5 スペーサでつなぎます（**図 10.95**）．

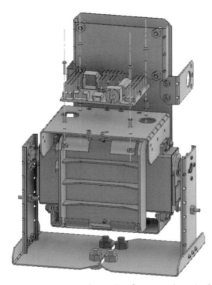

図 10.95　CPU ボードとパーツ B をつなぐ

15) サーボモータの余ったケーブルは，折りたたんでパーツ B とサーボモータの間に収めます（**図 10.96**）．

図 10.96　余ったケーブルを収める

16) 取っ手をパーツ B に M2-8 ネジと M2 ナットでつなぎます（**図 10.97**）．

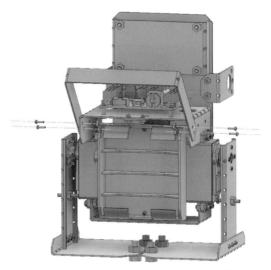

図 10.97　取っ手とパーツ B をつなぐ

17) これでロボットは完成です．ロボットを動かす際は，CPU ボードの左列前から 2 番目に電池ボックスのコネクタを接続してください．このとき，サーボモータと同様に GND が CPU ボードの外側になるように接続してください（**図 10.98**）．
ロボットはシールなどで自由にデコレーションしてみてください．

図 10.98 電池ボックスのコネクタを接続する

18) CPU ボードは「V-duino」（**図 10.99**）に取り換えることができます．

V-duino は Wi-Fi 通信・サーボモータ制御・センサ読み込み機能をコンパクトにまとめ，単三ニッケル水素充電池 4 本で駆動可能なロボット制御ボードです．Arduino 互換の基盤となっており，Arduino IDE でのプログラムが可能です．VS-RC003HV と同様に，ヴイストン社が製造・販売を行っています．V-duino の詳しい使用方法などは，下記の Web ページからダウンロードすることができます．

https://www.vstone.co.jp/products/vs_rc202/download.html

図 10.99 V-duino

CPU ボードを取り換える場合，M3-8 ネジと M3 ナット，M3-4.5 スペーサがそれぞれ 3 個ずつ必要です．現在載っている CPU ボードからコネクタをすべて外し，CPU ボードをパーツ B から取り外します．M3-8 ネジ，M3 ナット，M3-4.5 スペーサで V-duino をパーツ B につなぎます（**図 10.100**）．

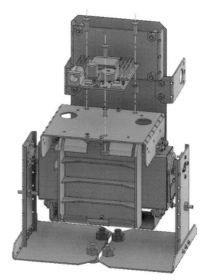

図 10.100 V-duino とパーツ B をつなぐ

V-duino の左列 1 番前から 4 番目までに，電池ボックスのコネクタ，左足のサーボモータのコネクタ，右足のサーボモータのコネクタ，胴体のサーボモータのコネクタを順番に接続します．コネクタはすべて GND が V-duino の外側になるように接続します（**図 10.101**）．

図 10.101 V-duino にサーボモータのコネクタと電池ボックスのコネクタを接続する

10.5 3Dプリンタ

近年，3Dプリンタの普及が急速に進み，多くの企業や大学，さらには個人の家庭で使用されています．本節では，3Dプリンタを使用して製作したパーツを利用して，3軸の2足歩行ロボットを製作します．なお3Dプリンタには，最も広く普及している**FDM**（熱溶解積層）**方式**の3Dプリンタを使用することを想定しています．

1 材料

a) ABS

現在多くのFDM式の3Dプリンタで使用されている素材に**ABS**があります．ABSは汎用性の高い素材で，家電製品や自動車，家庭用品などさまざまな製品で利用されています．適度な弾力をもち，研磨などの加工もしやすいため，サポート材をはがすことが容易です．その反面，温度が下がった際の収縮率が大きく，反りや割れなどが発生しやすい素材です．

3Dプリンタ版のロボットのパーツは，このABSのフィラメントを利用して造形します．

b) ネジ

必要なネジは，次のようになります．

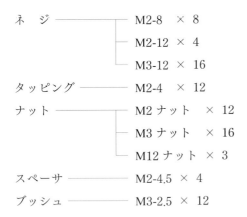

2 工具

- **ラジオペンチ**：パーツ造形時に発生するサポート材（補助材）をはがす際などに使用します．先の細いものと太いものの2種類を用意すると便利です．
- **やすり**：はがしきれなかったサポート材や，バリなどを取る際に使用します．
- **キリ**：小さい穴や溝に造形されたサポート材をはがすのに使用します．
- **ドライバ**：M2のネジは1番，M3のネジは2番のドライバで組み立てます．

3 3Dプリンタでの作業工程

1）造形データの用意

3Dプリントで造形するデータを用意します．3D-CADソフトなどで設計し，stl形式のデータとして出力するのが一般的です．本書では，あらかじめstl形式で出力したデータを用意しています．以下のURLよりデータをダウンロードしてください．

https://www.vstone.co.jp/products/robovie_i2/download.html

2）造　形

ダウンロードしたデータを使って造形していきます．使用する3Dプリンタの造形エリアに収まるようにパーツのデータを配置し，造形してください．3Dプリンタでの造形では，造形時のパーツの向きによって，サポート材が同時に出力されることがあります．このサポート材は，造形時間や造形物の精度に関係するため，可能な限り出力されないようにする必要があります．以下のような点に注意してください．

- 底面部が広く大きな面，頭の部分が小さな面になるように上下方向を決める
- ネジ穴などの精度が必要とされる部分が可能な限り上を向くようにする

3）サポート材の除去

造形時に出力されたサポート材を，ラジオペンチやキリなどを使用して除去していきます．サポート材と造形物が同じ素材で造形されるタイプの3Dプリンタを使用している場合，サポート材と造形物の境目が分かりづらい場合があります．造形物を傷つけたり割ったりしないように，気を付けてサポート材を除去してください．

10.6　ロボットの組立て（3Dプリンタ版）

1　必要な部品

図10.102に，必要な3Dプリント部品を示します．

なお，電池ボックス，CPUボード，サーボモータは，板金で製作した場合と同様です．また，ネジやナットについても，数に違いはありますが，板金版で用意したものがあれば，組み立てることが可能です．必要なネジやナットの数については，必要なネジに関する項目を確認してください．

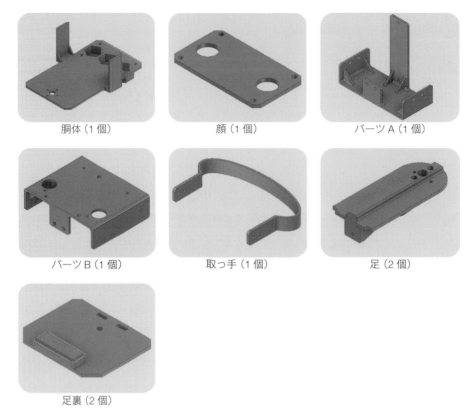

図10.102　組立てに必要な3Dプリント部品

2　ロボットの組立て

1) パーツAと電池ボックスを，M2-8ネジとM2ナットでつなぎます（**図10.103**）．

図10.103　パーツAと電池ボックスをつなぐ

2) 足と足裏をM2-8ネジとM2ナットでつなぎ，足を作ります（**図10.104**）．
サーボホーンをM2-4タッピングネジで足に取り付けます．このとき，足の突起が足裏に刺さりにくい場合は，ヤスリを用いて突起の側面を少しずつ削ってください．
2個作れば両足の完成です．

図10.104　足を作る

3) 胴体の六角形の溝にM12ナットをはめ，顔をM3-12ネジでつなぎ，上半身を作ります．サーボホーンをM2-4タッピングネジで胴体に取り付けます（**図10.105**）．

図 10.107　サーボモータ，パーツA，パーツBをつなぐ

6) 左足をサーボモータに取り付けます．このとき，足の可動範囲が前に90°以上，後ろに90°以上になるように取り付けてください（**図10.108**）．

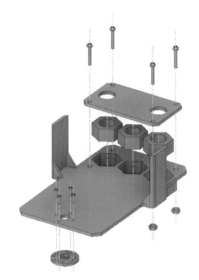

図 10.105　胴体を作る

4) サーボモータの三つのコネクタと電池ボックスのコネクタをパーツBの穴に通します．板金版と同様に，右の穴にはサーボモータのコネクタが2本，左の穴には電池ボックスとサーボモータのコネクタがそれぞれ1本ずつ通っています（**図10.106**）．

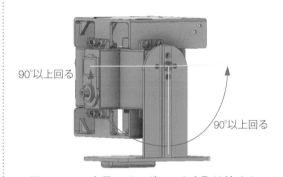

図 10.108　左足にサーボモータを取り付ける

7) サーボホーンを取り付けていたM2.3タッピングネジで，左足をネジ止めしてください（**図10.109**）．

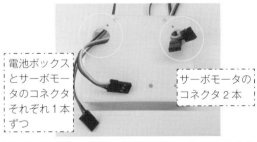

図 10.106　サーボモータと電池ボックスのコネクタをパーツBの穴に通す

5) サーボモータ三つとパーツAとパーツBを，M3-12ネジ，M3-2.5ブッシュ，M3ナットでつなぎます（**図10.107**）．

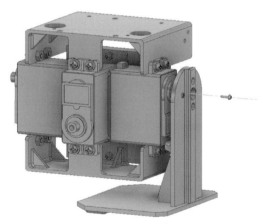

図 10.109　左足をネジ止めする

8) 同様に6)の操作を行い，右足をタッピング

ネジでネジ止めしてください（**図10.110**）．

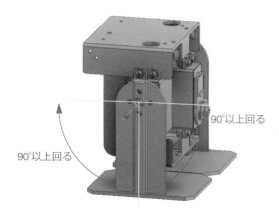

図10.110　右足をネジ止めする

9) 同様に6)の操作を行い，胴体をタッピングネジでネジ止めしてください（**図10.111**）．

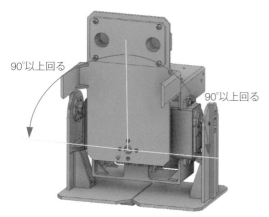

図10.111　胴体をネジ止めする

10) CPUボードをパーツBの上に置き，サーボモータのコネクタを接続します．
配線は板金版と同様です．10.4節の図10.94と10.98（板金版の配線画像）を参考にしてください．

11) CPUボードとパーツBをM2-12ネジ，M2ナット，M2-4.5スペーサでつなぎます（**図10.112**）．

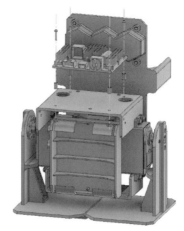

図10.112　CPUボードとパーツBをつなぐ

12) サーボモータの余ったケーブルは，折りたたんでパーツBとサーボモータの間に収めます．

13) 取っ手を，M2-8ネジとM2ナットでパーツBにつなぎます（**図10.113**）．

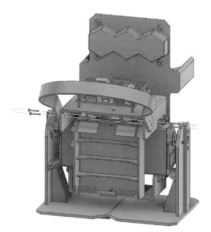

図10.113　取っ手とパーツBをつなぐ

14) これでロボットは完成です．

板金版と同様に，CPU ボードは V-duino に取り換えることができます．取り換える場合，M3-8 ネジと M3 ナット，M3-4.5 スペーサがそれぞれ 3 個ずつ必要です．

現在載っている CPU ボードからコネクタをすべて外し，CPU ボードをパーツ B から取り外します．M3-8 ネジ，M3 ナット，M3-4.5 スペーサで V-duino をパーツ B につなぎます（**図 10.114**）．配線は板金版と同様です．10.4 節の図 10.101（板金版の配線画像）を参考にしてください．

図 10.114　V-duino とパーツ B をつなぐ

Chapter 11
おわりに

11.1 結局，ロボットってなに？
11.2 ロボットへの期待
11.3 現在のロボット
11.4 家庭用ロボット
11.5 ロボットが必要な未来の世界

おもな内容
この章では，人々はロボットにどんなイメージをもっているのか，現在どのようなロボットが受け入れられているのか，将来はどんなロボットが期待されるだろうか，などの視点から，ロボットについて述べています．

11.1 結局，ロボットってなに？

ここまでロボットについて学んできましたが，最後に根本的なことを考えてみましょう．ロボットとは，いったいなんなのでしょうか？

一般には，ロボットは「電気で制御される機械システム」とされています．しかし，その定義はあまりにも広く，一体どこまでをロボットと呼んでよいのかはっきりしません．ロボットという言葉の由来は，最初に述べたように，カレル・チャペック（1890〜1938）というチェコの作家が戯曲のなかで使ったものだといわれており，労働者という意味をもちます．そののち，実際にロボットが世に出たのは 1960 年代です．工場で人に代わり溶接や塗装をするロボットが米国で発売されました．日本では 1980 年代に，組立てロボットが商品化され，90 年代には自動車や電気製品の製造に欠かせないものになりました．

一方，工場で働く産業ロボットではなく，一般の人に向けてはじめて販売されたのが犬型ロボットの **AIBO**（現 aibo）です．AIBO が 1999 年に登場した翌年には，人間型の 2 足歩行ロボット，**ASIMO** が登場しました．

工場ではたらく溶接ロボットにも，ASIMO にも共通していることは，センサとそれを処理して判断する制御や判断の機能を搭載しているという点です．これがロボットと呼ばれるものの共通の条件であり，ロボットの定義といえるかもしれません．しかし，この定義では，電子レンジや自動車もロボットになります．

電子レンジは，あたためボタンを押せば，重量センサなどがはたらき，必要な時間を自動的に設定し，作業をスタートします．そして，終われば教えてくれます．全自動洗濯機も同様です．洗濯物を放り込んでスタートスイッチを押せば，洗濯物の量にあわせて，水量を決め，十分な量の水を入れ，水を止め，洗い，脱水してくれます．乾燥機能付きのものは，取り出せば着替えられるところまで，自動的に仕上げてくれます．

さらに，目に見えないロボットもあります．ホームセキュリティは，外出中の窓の開閉や室内の温度の変化などを察知し，異常を教えてくれます．そして，ときには自動的にドアをロックします．

かつて，ロボットといえば工場のなかで組み立て作業をする機械を指しました．しかし，近年さまざまな情報家電が発達してきて，いろいろな機械的しくみと統合されてくると，なにがロボットでなにがロボットでないか，その境界線を考えることはほとんど無意味になってきています．今後はさらにさまざまな形態のロボットが出現してくるでしょう．技術開発の流れは，もはや止めることはできません．むしろ，新しい形のロボットをどんどん作っていくことのほうが研究としては大事です．

11.2 ロボットへの期待

さて，このようにロボットを説明しても，多くの人は「なにか違う」と思うかもしれません．もっ

とかんたんにいうと，多くの人は，たとえば「鉄腕アトム」のように漫画やテレビのキャラクターからロボットのイメージを作り上げています．

では，アトムのどの部分を見て，われわれはロボットだと思っているのでしょうか．

アトムには二つの大きな特徴があります．一つは，空を飛んだり，物を投げ飛ばしたりする，スーパーマシンとしての特徴．そしてもう一つは，人と関わり，人に親切に接する，友だちやパートナーとしての特徴です．どちらか一方では，ロボットにならないと思います．人間の友だちになれて，ある程度人間と話せて意思疎通ができる．なおかつ人間にできないなにかができて，逆に完全には人間と同じことはできない．そういったものが，皆さんが想像するロボットだと思います．

このようなロボットを実現するには，スーパーマシンとしての特徴よりも，人と友だちとして関わる特徴を実現するほうがはるかに難しいといわれています．スーパーマシンとしての機能は，自動車や飛行機を開発するのと同様に，より優れたモータを使い，より高精度のセンサを使えば，もしかしたら達成できるかもしれません．しかし，人と友だちとして関わる特徴は，単にすぐれた機械を開発するだけでは実現できません．ロボットがどのように動いたら，人間に対して人間らしく関われるのかは，人間とはなにかという十分な知識がないと解けない問題です．

では，そのような知識はどこから来るのでしょうか．それは，心理学，認知科学，脳科学と呼ばれる，人間を研究している分野から来ます．しかし，それらの分野でも十分に人間に関する知識が蓄えられているわけではなく，未だ多くのミステリーが人間に残されているから，研究が続いているわけです．

今後，ロボットの研究はますます進みます．そして，研究者の多くも，皆さんと同じようなロボットのイメージをもちながら，そのイメージを実現しようとロボットを開発します．そうなると，今後のロボット研究において，とくに重要となるのは，人間と関わるロボットの機能，ロボットを作るための人間理解になります．すなわち，今後ロボットをより発展させようとするなら，人間を理解する研究と，ロボットの開発を同時に行わなければならないということになります．今までロボットの研究は，大学でいえば工学部がその研究をするものと考えられてきました．しかし今後は，工学部だけでなく，人間を理解するさまざまな分野でロボットの研究が展開することが期待されます．

11.3 現在のロボット

では，ここで現在開発されているさまざまなロボットについて見てみましょう．

日本のロボット開発を一番応援してきた公的機関が経済産業省です．経済産業省では，すでに日本が世界を大きくリードした産業用ロボットの分野をさらに発展させ，人間型ロボットなど，次の世代のロボット開発でも，日本が世界をリードできるよう，さまざまな応援をしています．とくに，医療や福祉，防災，メンテナンス，生活支援，アミューズメントを目的にしたロボットの研究開発に熱心です．

日本はロボットテクノロジーの発展した国で，2017年の産業用ロボットの世界販売台数である約38万台のうち，約60％にあたるおよそ23万台は，日本の会社から販売されています（国際ロボッ

ト連盟（IFR）・日本工業ロボット会のデータから）．これらのロボットの開発では，人間とロボットの関わりについてはほとんど考えられてきませんでした．というのは，産業用ロボットは，たいてい工場のなかに固定されており，人に対してどのような危険があるのかが，あらかじめわかっており，人は近づかないことで危険を回避してきたからです．

しかし，次世代ロボットは，リビングルームや子供部屋で，そして病室で，人とともに寄り添い，活動することが求められています．ですから，人との接触と安全基準の確保が必要です．

2005年の「愛・地球博」では，約100体ものロボットが出展されました．これは，経済産業省の次世代ロボットの開発と普及に向けた活動の一つです．多くの人がさまざまなロボットを目にし，その進歩に驚かされたことだと思います．

このような次世代ロボットの開発の現状は，施設や地域を巻き込んだ実証試験を中心とした実用の一歩手前まで来ています．実際の施設や地域で，ロボットがどのように使えて，社会にはどのようなロボットの必要性があるのかを考えて，より重要な研究テーマを見定めようというわけです．愛・地球博でも博覧会会場を舞台に，掃除，警備，案内をするロボットが動いていましたが，それはまさに実証実験そのものだったわけです．

11.4 家庭用ロボット

「愛・地球博」で目にした多くのロボットは，実証実験を行えるレベルに達しているのですが，そののちの技術の発展によって，よりいっそう人の生活に近いロボットが，実際に市販されるようになってきました．

その代表例が，2016年にシャープ株式会社から発売された**RoBoHoN**（ロボホン）です（**図11.1**）．RoBoHoN は身長 19.5 cm のヒト型ロボットですが，Android を内蔵したスマートフォンとしての機能ももっています（Wi-Fi 専用モデルなど，一部モデルを除く）．

近年，スマートフォンの発展が著しく，多くの機種で，音声による文字入力や検索，問いかけに

図 11.1　シャープの人型ロボット「RoBoHoN」

対する回答などが行えるようになっています．その部分だけを見ても，十分にロボットとしての機能を備えているといえますが，RoBoHoN には顔や手足があり，多くの人がロボットだと認識する形状をしていることが大きな特徴です．

　スマートフォンなどの機械に人が話しかけるとき，その多くは，無機質な箱や画面に話しかけることになります．しかし，人が本来行っているコミュニケーションにおいては，対象が箱や機械の形状をしているより，より人間に近いものに親しみを感じる傾向があります．相手が人でなくても，たとえばペットやぬいぐるみに話しかける人もいるでしょう．RoBoHoN は，スマートフォンの機能を備えながら，人が親しみや愛着をもちやすい形状とすることで，これまでのスマートフォンを超える，新しいコミュニケーションデバイスになることを目指しています．

　また，RoBoHoN は通信機能を搭載しているので，常にインターネットにつながることができます．小さなロボットに音声処理など行う高性能コンピュータをすべて搭載することは困難ですが，インターネット上のクラウドサーバを使うことで，これを可能としています．こういった技術の革新が，小型で携帯しやすいサイズのコミュニケーションロボットを実現したといえるでしょう．

　RoBoHoN のような製品の登場により，ロボットが私たちの生活のなかに自然に溶け込む土壌ができはじめているといえます．社会のあらゆる場面で使えるロボットは，技術的にまだ実現が困難です．しかし，人々がロボットと共に暮らす生活に慣れること，ロボットと会話することが自然なこととなるにつれて，ロボットが活躍できる場面が増えていくことでしょう．ロボットと暮らす社会の実現には，さらなる技術的進歩と同時に，人間がその社会変化に慣れるという要素も必要とされるのです．

　もう一つ，皆さんもよく知っている家庭用ロボットを紹介しましょう．**ルンバ**というお掃除ロボットは，発売から 2 年半ほどの間に世界で 100 万台売れた，世界的なヒット商品です（**図 11.2**）．自動制御機能をもち，センサを使って壁を伝い，階段から落ちることもなく，高度なランダム移動アルゴリズムで，ゆっくり転がるピンボールのように床の隅々を走り回ります．操作ボタンは S，M，L の三つだけです．その違いは，15 分，30 分，45 分の操作時間の違いで，部屋の大きさによってどのボタンを押すか決めます．あとはなにも必要ありません．

　この自走式掃除機ルンバを開発し発売しているのは，米国のアイロボット社です．もともと軍事

図 11.2　アイロボット社のお掃除ロボット「ルンバ」

用のロボットを開発してきた企業で，この会社のアービーというロボットは，アメリカ同時多発テロで倒壊した世界貿易センタービルで，瓦礫のなかから行方不明者を探す作業に使われました．また，イラクでは地雷探索の作業にもあたっています．

　電子レンジや洗濯機が進化して多機能になり，ロボットの機能をもつに至っても，ロボットと呼ぶには抵抗を感じるのに，このルンバは，利用者たちのエピソードから間違いなくロボットの扱いをされていることがわかります．ルンバを利用する人は，名前を付けて呼んでいる人も少なくないそうです．修理に出すとき，新品との交換でなく，「必ずこの子を返してください」と言う人もいるというメーカー発表のエピソードを知ると，人間との関係性において aibo に近い存在であることがわかります．

　ルンバは，掃除機としては万能なわけではありません．ルンバのスイッチを入れる前に，床に置いた本やカバンを片付け，脱ぎ捨てたままの靴下やおもちゃなど大きめのものをどけなくてはならないのです．「手はかかるけれど，カワイイヤツ」．現在のところ，家事用ロボットは実用一点張りでなく，「この子がいると暮らしがたのしくなる」，そんな視点で選ばれているようです．

　このルンバの制御プログラムを設計したのは，Chapter 8 で説明した反射行動に基づくアーキテクチャを考案した MIT（Massachusetts Institute of Technology；マサチューセッツ工科大学）のブルックス教授です．ルンバの多くの機能は，反射行動として実装されていると想像されます．また，ルンバは aibo などに比べて非常に限られた数のセンサで動作します．かんたんなロボットなので，皆さんも少しがんばれば作れるようになるかもしれません．うまくロボットの制御プログラムを書けば，単純なしくみでも，人と友だちになって，人の役に立ちながら，人と暮らすことのできるロボットを実現できるのです．

11.5　ロボットが必要な未来の世界

　最後に，ロボットは我々の未来にどのような影響を与えるかについて考えておきましょう．今後，日本だけでなく世界の多くの国で，少子・高齢化が進んでいきます．少ない若者世代が，多くの高齢者を支えていくようになります．とくに日本においては，2025 年には，はたらく人 2 人で，3 人の年少者や高齢者を養わないといけないと予測されています．それだけ，はたらく世代に負担がかかるわけです．はたらく世代を生産人口といいますが，これが減ると国の活力が減ってしまいます．中国など世界のいくつもの国で，同様の問題が起きつつあります．

　そこで期待されるのが，ロボットの活躍です．産業用ロボットが人に代わって産業を担ったように，日常生活のなかで人に多様なサービスを提供するロボットの助けを借りることで，人は日常生活にゆとりをもつことができると期待されています．

　そのような人間の日常生活を支援するロボットとして，とくに活躍を期待されているものが，介護を支援するロボットです．介護を支援するロボットは，高齢化社会で問題となる，介護の負担を減らすことができます．今の介護の現場で人間が行っている作業をロボットが代わりに行うだけでなく，ロボットの力を借りれば，今以上に人間に親切に作業を行える可能性があります．またロボッ

トは介護における力仕事を担うだけでなく，高齢者と対話しながら高齢者を元気づける仕事も担えると考えられています．ロボットと対話することで認知症などの病気の進行を抑制することができると期待されています．

　また家庭内では，家事や育児を支援するロボットの活躍が期待されています．これらのロボットは，はたらく女性の負担を軽減してくれます．世界では，女性も男性と同様に仕事をもってはたらく国が多くあります．日本も徐々に女性が活躍する社会になってきました．しかし，今後の少子・高齢化社会では，さらに女性の労働力が必要になります．もっともっと女性がはたらきやすい社会を創らなければなりません．そうした社会を創るためにも，家事や育児を支援するロボットは必要です．

　病院でも，多くのロボットが用いられるようになるでしょう．すでに，手術用のロボットは数多くの病院で利用されていますが，それ以外にも，患者の健康状態を把握したり，対話を通して患者を安心させたりするロボットなども利用されていくと期待されています．すでに病院ではたらく看護師の数は不足してきています．そうした不足を補い，手厚いサービスを提供するために，ロボットは活躍します．

　もちろん，街中でもたくさんのロボットを見るようになるでしょう．とくに日本では今後さらに数多くの外国人を受け入れるようになります．そのとき問題となるのは言葉です．外国人が安心できるサービスを提供するには，その国の言葉で話すことが大事ですが，かんたんには外国語を習得することはできません．しかし，ロボットであればさまざまな言語で話すことができます．日本だけでなく，世界中でこのような外国語で外国人に情報を提供したり，案内したりするロボットが利用されるでしょう．

　パソコンやスマートフォンで世のなかは大きく変わりました．次はなにによって世のなかは変わるのでしょうか？　その可能性の一つとして期待されているのがロボットです．近い将来ロボットによって，世のなかは再び大きく変わるかもしれません．

Appendix
高校の授業でロボットを作る

A.1 ロボット産業を支える技能人材の育成
A.2 工業高校におけるロボット学習の概要
A.3 ２足歩行の克服
A.4 足の改良
A.5 成果発表会（デモンストレーション）
A.6 成果発表会（ロボット操作体験の指導）
A.7 ロボット学習の評価
A.8 用語の理解について
A.9 総　括

A.1 ロボット産業を支える技能人材の育成

　本書初版の編集委員会のルーツは，2002年に大阪市経済局により設定された，浅田稔を座長とする「ロボット産業振興研究会」にさかのぼります．

　2003年に（社）関西経済連合会が事務局となり，「関西次世代ロボット推進会議」を設立，同推進会議の企画委員会（座長：浅田稔）が「生活支援」に焦点を絞ったロボットの展開を提案，2004年には，その取組みが「大阪圏における生活支援ロボット産業拠点の形成」として政府都市再生プロジェクト（第7次）に決定しました．

　当時，大阪市では，大阪府と「大阪ロボット社会実証イニシアティブ」を構築し，大阪駅北ヤードの再開発プロジェクトの一つとして，ロボットを基盤とした「研究・教育・産業」の集積拠点の形成に向けて「ロボットラボラトリー」を開設しました．そして，先導的プロジェクトの推進，研究開発ネットワーク「RooBo」の形成などの諸施策を推進していました．

　このような環境のなかで，委員会メンバーは，研究開発・実証プロジェクトの次の展開である産業化に視点を転じたとき，産業を支える技能人材育成の必要性を感じていました．そして，2004年に大阪府教育委員会から，「2005年度には府立工業高校を工科高校と改称し，淀川・藤井寺・城東の3高校に"ロボット専科"を設置する予定であり実践的な教育プログラムの開発をしたい」との意向がもたらされ，以降に記述する内容のプロジェクトを実施しました．

　本書の構成はこのプロジェクトで得られた知見をもとにした部分が多く，本書が実践的な内容となっているゆえんです．

A.2 工業高校におけるロボット学習の概要

　工業高校の「機械」や「電気」などの学習に際して，実際にロボットを組立て，操作することは，学習に対する興味や理解を促すうえで，きわめて効果的です．

　このため，大阪府立淀川工科高等学校，大阪府立藤井寺工科高等学校，大阪府立城東工科高等学校，大阪市立都島工業高等学校の4校では，授業の一環として，**Robovie-MS**（開発：株式会社国際電気通信基礎技術研究所，製造・販売：ヴイストン株式会社；http://www.vstone.co.jp）を製作し，その成果を科学館にて発表するという学習プログラムを，独立行政法人科学技術振興機構の支援（平成17年度地域科学館連携支援事業「ヒューマノイド（人間型）ロボットを動かす科学技術の実技学習」）を得て行いました．

　以下に，ロボット学習に関するいくつかのトピックスを紹介します．

　本ロボット学習は，基本的には工業高校の3年生が履修する「課題研究」のなかで行いました．Robovie-MSのキットを組立て，キットに備わっている専用ソフトでモーションを作成して動かすというのが，標準的な授業のパターンです．ただし，一部の工業高校では，よりいっそう物づくり（機械加工の学習）の基礎を習得するため，キットになる前の未加工のパーツを用意して，バリ取り，

タップ立て，曲げ加工などの工程から行いました．また，逆に1年生を対象とした工業高校では，まだ本格的なロボットの組み立ては難しいと考え，あらかじめ組み立てておいた完成品を用意して，モーションの作成だけを行う授業を行いました．生徒は2〜4人を1チームとし，1台のRobovie-MSを担当しました．

学校によって，多少の違いはありますが，これを平成17年9月から12月の4か月にわたって行い，平成18年2月に成果発表会として，科学館（大阪科学技術館）にて小・中学生の前で自分達が組み立てたロボットのデモンストレーションを行いました．

学習で使用したRobovie-MSの仕様は次のとおりです．

寸　　　法：高さ280×幅180×奥行き50 mm（人型の場合）
重　　　量：約860 g
自　由　度：脚；5自由度×2，腕；3自由度×2，首；1自由度　計17自由度
関節駆動：サーボモータによる
セ ン サ：2軸加速度センサ×1，関節角度センサ×17
オプション：ジャイロセンサ×1，遠隔操作装置

A.3　2足歩行の克服

工業高校の生徒達がRobovie-MSの学習で最も苦労したことは，Robovie-MSに2足歩行させることでした．Robovie-MSの場合，17個のサーボモータを動かして歩行モーションを作成しなければなりません．その際，重心の位置・姿勢バランス・接地時の足裏の水平・床面と足裏との摩擦などを考慮する必要があります．

また，大きな動きや早い動きなど，慣性が作用するモーションでは，サーボモータの保持力以上の力が加わり，サーボモータの回転停止位置が予想していた位置をオーバーしてしまいます．とくに2足歩行は，重心位置の移動量が大きく，早く歩くモーションや大股歩行などの際には大きな慣性が作用し，モーションの途中でバランスを崩してしまいます．これが，2足歩行を困難にさせている原因です．

このため，歩行は静歩行でゆっくり歩かせることから始める必要があります．また，ある工業高校では，一歩ごとのモーションの間にポーズ（モーションの休止）を入れて，転倒防止を図る対応策を取りました．

A.4　足の改良

都島工業高校では，機械加工学習の応用として，Robovie-MSの脚部に独自の改造を施して，転倒防止を図りました．その施策を紹介します．

図 A.1　バネを付け足した足　　　　　図 A.2　滑り止めを施した足裏

a) 足首を支えるために，バネを付け足し，踏ん張る

　あるチームは空手の演武のモーションを作成しました．ロボットを長時間動かしていると，サーボモータが熱をもち，サーボモータの出力が低下し，保持力が弱くなります．とくに，足首の部分では，ロボットの全体重がかかるので，繰り返し動かしていると安定性が落ち，バランスを保つことが難しくなります．

　そこで，新たに足裏の部分を機械加工により製作し，バネを加工して付け足し，足首のサーボモータを支える工夫をしました（図 A.1）．サーボモータの保持力が低下しても，このバネによって支えられ踏ん張れるようになりました．

b) 踊りやすくするために，滑り止めを施す

　あるチームは，音楽に合わせてパラパラダンスを踊るモーションを作成しました．その際，テンポが速いパラパラをスムーズに踊れるように，足が滑らない工夫が必要となります．そこで，足裏部分を新たに機械加工で製作し，足裏の一部にゴムを加工して貼りつけました（図 A.2）．これにより，滑らずよく踏ん張れるようになり，パラパラがスムーズに踊れるようになりました．

A.5　成果発表会（デモンストレーション）

　成果発表会として，工業高校の生徒たちが授業で製作したロボットを科学館（大阪科学技術館）にて小・中学生や一般の人の前でデモンストレーションする機会を設けました．

　デモンストレーションの方法は，各校，チームごとに舞台に出て，自分たちが学習した内容をPowerPointで説明し，そののち，専用の演台（一部は通常のテーブル）の上でロボットを動かすというものでした．

　うまく動くロボットもあれば，そうでないロボットもありましたが，とくに会場を沸かせたのは，音楽にあわせてパラパラを踊ったロボットでした．このチームは今回の学習を通して，ロボットに関する知識や技術を非常によく習得したものといえるでしょう．

　なお，多数の小・中学生の前で発表したことに関して，生徒たちは次のような感想を述べています．

- 人前で恥をかかないよう，習ったことをきっちり確認し，ロボットも2足歩行ができるレベルまでもっていくことができた．
- 普段は大勢の人の前で話すことがないので，よい経験になった．
- 人に説明し理解してもらうことの難しさを知ることができた．
- 小さな子どもたちに，ロボットやメカトロニクスに対する興味をもたせたという意義を体感できた．
- 他校の発表を見て，それぞれの学校のロボットに対する学習方法を知ることができた．

このことから，学内の発表会ではなく，他校の生徒も参加して小・中学生や一般の人の前で発表するという機会は，ロボット学習の"仕上げ"として，非常に効果的であることがわかりました．

A.6　成果発表会（ロボット操作体験の指導）

成果発表会では，ロボットのデモンストレーションのほか，工業高校の生徒が小・中学生へRobovie-MS の操作を教えるコーナーも設けました（**図 A.3**）．

これは，「教えることは学ぶこと也」という言葉があるように，本当に理解していないと相手に教えることができないし，教えるためには学習した知識を再確認し，さらに知識を深めることにつながるからです．

当日，会場では小・中学生が順番に並んで，工業高校の生徒に，リモコンでのロボットの操作方法（パソコンでモーションを作成することは，小・中学生では難しいので，リモコンで操作する方法を採りました）を教えてもらい，1.5 m 四方の専用コースの上を歩かせることを体験しました．

小・中学生への指導を通じて，学んだことやよかった点として，指導を行った工業高校の生徒たちから次のような感想があげられています．

- 子どもたちがロボットに興味を示してくれたのを自分の目で見ることができた．
- 子どもたちの笑顔をたくさん見ることができた．

図 A.3　ロボット操作体験指導のようす

- 自分たちが作ったモーションを見て，子どもたちが喜んでくれた．
- 操作体験の指導をきっかけに，将来，子ども相手の仕事をしてみたいと思った．

一方，教えてもらった側の小・中学生は，大人からではなく，高校生に教えてもらったことに対して，どのような感想をもったのでしょうか．

「大人より話しやすい」，「相手が大人だと緊張する」，「親しみやすい」，「お兄ちゃんみたい」，「年齢が近い」など肯定的な意見があげられています．

A.7　ロボット学習の評価

ここでは，ロボット学習の評価について，各校の指導教諭や生徒からあげられたコメントを紹介します．

a) **各校の指導教諭のコメント**

- 授業開始にあたり，事前説明の時間はあまり取らず，生徒にキットに付属の説明書を読ませ，自分で作業してみて，不明点は質問させる形で進めた．
- 生徒にとってモーション作成は難しく，時間を要した．
- 生徒の反応は，好きな生徒は熱心にやっていた．あまり興味のない生徒でも，モーション作成を2人で組んで行わせるなどの工夫で，興味をもって取り組むようになった．
- ロボットに関する情報は多いが，実際に自分で動かすことは普及していない．今回の学習はロボットに興味をもたせる動機付けになった．
- 直接，ロボットに触れて，自分たちで組み立てることにより，ロボットの構造やしくみについて，よりいっそう理解が深まった．
- 難しい工程を解決することにより，達成感や創造力の醸成，科学技術やものづくりへの更なる興味喚起につながった．

b) **生徒からのコメント（自由記述による）**

◆ **授業全体について**

- ロボットの基礎が学べてよかったと思う．
- このような学習を通じて，ロボットに直接，触れることができたのでよかった．
- 難しかったけれど，考えて達成できたことがよかった．
- アニメなどでロボットを見たときに，どのように作るかを考えるようになった．
- HONDAの2足歩行ロボットが，すごい技術であることを痛感した．
- 人間がなにげなく行っている動作をロボットにさせることが，いかに難しいかがわかった．
- 歩くまでに時間がかかったが，楽しかった．みんなで協力してできたという感じがあった．
- 最初は難しくてやる気が起こらなかったが，だんだん楽しくなってきた．
- 組立ての時点からかなり難しかった．プログラムも想像以上に難しかったけれど，考えること

が面白かった．
- 歩行させる難しさを学ぶことができたので，大学での研究に役立てたい．
- 工業高校で勉強したことはあまり使わなかったが，新しいことが学べてよかった．
- 「ロボカップジュニア 2005 大阪大会」で目を引いた，中国の 2 足歩行ロボットによるパラパラを超えたくてがんばった．
- ロボットが好きなので，このような学習を通じてロボットに触れることができてよかった．今後もこのような活動でロボットを広めていきたい．

✦ ロボット全体に対して

- もう少しサーボモータの能力があれば，起き上がりモーションなどで工夫ができると思った．
- 関節部分を強化してもっと自由度を高めて欲しい．
- ロボットにもう少し耐久性をもたせたほうがよい気がした．
- 足の自由度がもっとあればよかった．
- ロボットの腰が可動できるようにもう一つモータを増やせば，大きく変わると思う．いろいろなことに挑戦して，最終的にはジャンプなどをさせてみたい．

✦ モーションに対して

- モーションを作るときにテーマみたいなものがあればいいと思う．
- コンピュータの画面上で，モーションの動作を立体で再生するようなアイコンや，それに対する修正などの機能があれば使いやすいと思った．
- コントローラなどを使ってリアルタイムでオートデモができたらよかった．
- 以前は組立てに興味があったが，やってみるとプログラミングのほうが楽しかった．今度は部品を作るところからやってみたい．
- 自分で考えてプログラムでロボットを動かすところが面白かった．
- プログラミングについては，ソフトを使わず，自分たちで角度調整などもやってみたかった．
- サーボモータが命令どおり動くしくみをもっと知りたかった．

A.8　用語の理解について

　今回の学習で使われたロボットに関する技術用語に対する理解について，学習の前後でアンケートを行い，**表 A.1** のような結果を得ました．学習前後で，理解の程度は次のように変化しています．

- 「聞いたこともないし，知らない」と答えた生徒の割合が平均して 46%減少
- 「聞いたことはある」と答えた生徒の割合が平均して 52%増加
- 「漠然と知っている」と答えた生徒の割合が平均して 92%増加
- 「よく知っている」と答えた生徒の割合が平均して 51%増加

表 A.1 技術用語理解度の変化

カテゴリー			キーワード			
			なんであるか，どういうものか，よく知っている（人にも説明できる）	なんであるか，どういうものか，漠然と知っている（人には説明できない）	聞いたことはあるが，知らない	聞いたこともないし，知らない
ハードウェア	センサ	加速度センサ	前 3%	17%	20%	60%
			後 4%	28%	35%	33%
		ポテンショメータ	前 2%	6%	15%	77%
			後 3%	15%	29%	53%
		ジャイロセンサ	前 4%	10%	26%	60%
			後 8%	31%	36%	25%
	モータ	サーボモータ	前 10%	24%	20%	46%
			後 16%	47%	24%	13%
		自由度	前 2%	11%	16%	71%
			後 5%	24%	41%	30%
	CPU	メモリ	前 18%	44%	26%	12%
			後 20%	50%	23%	7%
		演算処理	前 9%	37%	29%	25%
			後 7%	49%	26%	18%
ソフトウェア	OS	Windows XP	前 23%	40%	19%	18%
			後 26%	45%	19%	10%
	プログラム	ビジュアルプログラミング	前 5%	9%	18%	68%
			後 5%	22%	37%	36%
		モーションエディタ	前 3%	9%	22%	66%
			後 6%	20%	36%	38%
	情報処理	センサ情報処理	前 3%	11%	28%	58%
			後 5%	20%	40%	35%

A.9 総括

2足歩行ロボットを用いた学習を紹介しましたが，生徒たちの反応はとてもよいものでした．ロボットに2足歩行させることは困難なことですが，生徒たちは自ら考え，工夫を行いチャレンジしました．

今回の実習で，生徒たちはロボットのモーションを考え，ロボットのバランスを見ながらプログラミングをし，モーションの調整を行いました．その過程で，重心や剛性の問題と向き合っていました．一般に，ロボットの2足歩行が困難な理由は，たくさんのサーボモータ（Robovie-MSの場合，17個）を動かし，歩行モーションを作成しなければいけないことと，重心の位置と姿勢バランス，また床面との摩擦など考慮すべきことが多いことです．

生徒たちは脚部の改造などを行いましたが，今回，教材として用いたRobovie-MSは，ブラケットを共通化することにより，組換え可能なロボットとなっています．標準的な人間型から恐竜型・

ロボットアーム型・4足歩行の犬型などにも変更することができるため，組換えを行うという工夫も考えられるでしょう．

重心が高いと，足元にあるサーボモータに対する負荷が大きくなります．早い歩行や大股の歩行では負荷がとても大きくなるため，サーボモータの保持力以上の力が加わり，サーボモータの想定回転位置をオーバーしてしまいます．そのため，歩行時に動作やバランスが不安定になってしまいます．

Robovie-MS では，重心を低くするために，図 A.4 のように脚パーツのブラケットを組み換えることができます．可動範囲は小さくなってしまいますが，このように脚を短くすると，脚のサーボモータにかかる負荷が減ります．そして，ロボットの全長と足裏の面積の比率も大きくなるため，安定度は増します．

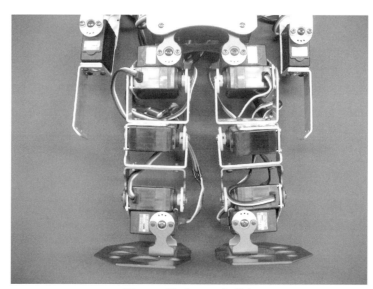

図 A.4　脚パーツの組換え

また，サーボモータの軸配置を変更するということで剛性や重心を低くし，改善することもできます．次ページの図 A.5 は，上半身のサーボモータの軸配置を変更し，脚のサーボモータを減らしたものです．

上半身の軸配置を変更することで，重心を下げつつ軽量化することができます．脚のモータ数を減らすことで，重心を下げることができ，モータのバックラッシの蓄積も抑えられるため，安定度は増します．また，モーションプログラムの作成時に制御するモータが減るため，モーション作成も容易になります．

このように，ロボットの製作実習では，ロボットの構造を変えるなど，さまざまな工夫を学ぶことができます．2足歩行ロボットを作製する際，まずはロボットにどのようなこと（動き・表現）をさせたいのかきちんと計画し，ロボットの構造を考えるとよいでしょう．そして，重心を低くする・軽量化する・剛性を上げるということを考慮すると，安定したロボットを製作することができます．

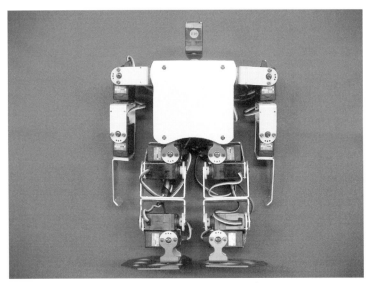

図 A.5　サーボモータ軸配置の変更

✦ 参 考 文 献

✦ 書 籍

1) 有本卓：ロボットの力学と制御，朝倉書店（2002）
2) 石黒浩，神田崇行，宮下敬宏：コミュニケーションロボット―人と関わるロボットを開発するための技術，オーム社（2005）
3) 稲葉雅幸，加賀美聡，西脇光一：ロボットアナトミー，岩波書店（2006）
4) 伊理正夫，岩本洋，他：電子基礎（新訂版），実教出版（1990）
5) 伊理正夫，岩本洋，他：生産システム技術，実教出版（2003）
6) 遠藤正：解説メカトロニクス―デバイス＆情報システム―，電気書院（1989）
7) けいはんな社会的知能発生学研究会：知能の謎―認知発達ロボティクスの挑戦，講談社（2004）
8) 子供の科学編集部：ロボカップジュニアガイドブック―ロボットの歴史から製作のヒントまで，誠文堂新光社（2002）
9) 白井良明，浅田稔：身近になるロボット，大阪大学出版会（2001）
10) 高橋智隆：ロボットの天才，メディアファクトリー（2006）
11) 高橋寛監修，増田英二編著：わかりやすい電気基礎，コロナ社（1993）
12) 高野政晴，鷹野英司，他：電子機械応用（新訂版），実教出版（1998）
13) 電子基礎編集委員会編：電子基礎，コロナ社（1989）
14) 永野和男，阿部圭一，他：情報 B，啓林館（2004）
15) 日本ロボット学会：新版 ロボット工学ハンドブック，コロナ社（2005）
16) 兵藤申一，福岡登，他：物理 I，啓林館（2004）
17) 兵藤申一，福岡登，他：物理 II，啓林館（2004）
18) 舟橋宏明，他：電子機械（新訂版），実教出版（1998）
19) 堀桂太郎：H8 マイコン入門，東京電気大学出版局（2003）
20) 武藤高義：アクチュエータの駆動と制御，コロナ社（2004）
21) 大和信夫：ロボットと暮らす 家庭用ロボット最前線，SB クリエイティブ（2006）
22) 山本外次，大西力：新版機械設計，科学書籍出版（1996）
23) 横山直隆：C 言語による H8 マイコンプログラミング入門，技術評論社（2003）
24) 若山伊三雄監修，メカトロニクス研究会編：電子機械，コロナ社（1990）

✦ Web サイト

1) インテル株式会社：公式 Web サイト 製品情報（https://ark.intel.com/ja）
2) 上山清二：Web で学ぶ情報処理概論（http://www.infonet.co.jp/ueyama/ip/）

索引

◆ 英数字

ABS ································· 168
aibo ································· 2
AIBO ···························· 30, 175
ASEA型ロボット ······················ 73
ASIMO ··························· 7, 175
CAN ································ 115
CCDカメラ ······················ 23, 57
CMOSカメラ ····················· 30, 57
CPU ································· 82
DRAM ································ 88
EEP-ROM ···························· 88
FDM方式 ··························· 168
Hibiscus ···························· 78
Hブリッジ回路 ······················· 40
IoT ································· 117
I/Oポート ··························· 88
Myrmix ····························· 106
NC工作機械 ·························· 15
Pepper ······························· 2
PICマイコン ························· 87
P-ROM ······························· 88
PWN制御 ···························· 40
RAM ································· 82
R/Cサーボモータ ···················· 46
RoBoHoN ··························· 179
RobovieMaker2 ················· 27, 120
Robovie-MS ························ 185
Robovie-R2 ····················· 56, 108
Robovie Ver.2 ······················ 135
ROM ································· 82
ROMライタ ····················· 83, 91
SRAM ································ 88
TITAN Ⅷ ···························· 80
USB ································ 115
UVER-ROM ·························· 88
VisiON 4G ··························· 20
WABIAN-2R ························· 33
1,0の信号 ··························· 98

◆ あ行

アーキテクチャ ····················· 104
アクチュエータ ···················· 7, 32
アセンブラ ·························· 90
アセンブリ言語 ··················· 84, 91
圧電アクチュエータ ·················· 53
圧電型 ······························ 59
圧電効果 ···························· 53
圧電素子 ························ 52, 53
アーパネット ······················· 114
アブソリュートロータリエンコーダ ······ 63
アルゴリズム ························ 92
アレー ······························ 57
アンペアの右ネジの法則 ·············· 38

移動機構	77	クランクディスク	48
インクリメンタルロータリエンコーダ	63	クロック信号周波数	88
演算部	89	計画行動	104
円筒座標ロボット	71	形状記憶合金	54
オフセット	71	光学式ロータリエンコーダ	62
オペランド	91	高水準言語	90, 92
音声認識	18, 116	光電スイッチ	66
		行動計画	111

✦ か 行

外界センサ	4, 56, 65	交流ソレノイド	54
回転対偶	50	交流モータ	43
開ループ系	46	古典的アーキテクチャ	104
拡散変態	54	コネクティングロッド	48
角速度センサ	63	コンデンサマイク	59
加算命令 ADD	84	コンパイラ	89
画像認識	18, 116	コンプレッサ	51

✦ さ 行

加速度・ジャイロセンサ	23	差動変圧器	66
片ロッドシリンダ	52	サニャック効果	64
感圧導電性ゴム	60	サーボシステム	45
環境一体型ロボット	2	サーボモータ	21
環境モデリング	5	サーミスタ	66
記憶装置	83	産業用ロボット	15
機械語	91	算術論理演算装置	83
機械量検出用センサ	65	三相交流	44
機構	50	三相誘導モータ	42
機構・制御系	3	シェーキー	17
逆運動学	8, 75	磁界	36, 38
逆動力学	8	視覚センサ	30, 57
極座標ロボット	71	視差	31
距離センサ	60	磁束	38
空圧シリンダ	51	磁束密度	38
空気圧式アクチュエータ	52	ジャイロスコープ	63
組込用マイコン	25	自由度	70
クラウドサーバ	116	周波数特性	59
クランク機構	48		

熟考型アーキテクチャ	104
出力	49
出力装置	83
順運動学	8
順動力学	8
状態遷移図	100
初期化	94
触覚センサ	59
磁力線	36
深層学習	18, 116
振動アクチュエータ	52
数値制御工作機械	15
スカラ型ロボット	73
スコッチヨーク機構	49
ステッピングモータ	41
ステップ角	41
ステレオ視	31, 108
ストローク	54
スライダ	48
制御装置	83
制御部	89
静電型	59
静歩行	141
節	50
線形探査法	92
センサ	4, 65
センターポンチ	146
セントラルプロセッシングユニット	82
全方位視覚センサ	23, 58
前方カメラ	23
相互作用センサ	4, 56
操縦ロボット	17
ソースファイル	90
ソレノイド	38, 53

◆ た 行

対応問題	31
ダイナミックマイク	59
多関節ロボット	73
タコメータ	63
タッチセンサ	59
単動シリンダ	52
知覚・認識系	3
力	49
逐次処理	82
地磁気センサ	63
知能ロボット	17
中央処理装置	83
超音波センサ	32, 60
超音波モータ	53
聴覚センサ	59
直動アクチュエータ	51
直流ソレノイド	54
直流モータ	39
直交座標ロボット	71
ティーチングプレイバック方式	15
デコード	85
デジタル信号	98
デバッガ	91
デバッグ	91
電荷結合素子	57
電磁型	59
電磁石	37
電磁誘導	39
電磁力	38
電動モータ	7, 32
同期モータ	43
動歩行	141
トルク	22, 44, 49

✦ な 行

内界センサ ……………………… 4, 56, 65
流れ図 ……………………………………… 98

二分探査法 ………………………………… 92
入力装置 …………………………………… 83

ノイマン型コンピュータ ………………… 82

✦ は 行

パス ………………………………………… 86
パルス幅変調制御 ………………………… 40
反射行動 …………………………………… 104
反射行動に基づくアーキテクチャ ……… 105
判断・立案系 ………………………………… 3
ハンドニブラー …………………………… 146
ハンドリーマ ……………………………… 146

光ジャイロ ………………………………… 64
非接触式角度センサ ……………………… 62
ピニオンギア ……………………………… 49
非ホロノミック系のロボット …………… 78
ヒューマノイド ……………………………… 3

フィードバック制御 …………………… 45, 47
フェッチ …………………………………… 85
フォン・ノイマン ………………………… 82
複数のデータ信号 ………………………… 98
複数ビットの信号 ………………………… 98
複動シリンダ ……………………………… 52
プッシュ型 ………………………………… 54
物体を検出するセンサ …………………… 66
フラッシュメモリ ……………………… 83, 88
プランジャ ………………………………… 53
プランニング ………………………………… 5
プル型 ……………………………………… 54
フレミングの左手の法則 ………………… 37
フレミングの右手の法則 ………………… 39

プログラム内蔵方式 ……………………… 82
フローチャート …………………………… 98
プロトコル ………………………………… 114

閉ループ系 ………………………………… 45

方位角センサ ……………………………… 63
包摂 ………………………………………… 105
歩行モデルによる動作 …………………… 26
ポテンショメータ …………………… 45, 61
ポート ……………………………………… 95
ホール素子 ………………………………… 67
ホロノミック系 …………………………… 78

✦ ま 行

マイクロフォン …………………………… 59
マスクROM ………………………………… 88
マニピュレータ ……………………… 16, 68
マルテンサイト変態 ……………………… 54
万力 ………………………………………… 147

無限ループ構造 …………………………… 133
無線ネットワーク ………………………… 114

命令コード ………………………………… 91
命令実行サイクル ………………………… 84
命令とデータの共存 ……………………… 82
メモリ ……………………………………… 88

モータロック ………………………… 138, 141
モノのインターネット …………………… 117

✦ や 行

油圧式アクチュエータ …………………… 53
油圧シリンダ ……………………………… 53
油圧モータ ………………………………… 53
有線ネットワーク ………………………… 114
誘導起電力 ………………………………… 39
誘導モータ ………………………………… 42

ユビキタスロボット ……………………………… 2

◆ ら 行

ライブラリ ………………………………………… 91
ラックアンドピニオン機構 …………………… 49
ランドマーク ………………………………… 108

両眼立体視 ………………………………… 31, 108
領域分割 ………………………………………… 24
両ロッドシリンダ ……………………………… 52
リンク …………………………………………… 49
リンク機構 …………………………………… 7, 49
リングレーザジャイロ ………………………… 64

ループ構造 …………………………………… 133
ルンバ ………………………………………… 179

レジスタ ………………………………………… 85
レジスタ部 ……………………………………… 89
連鎖 ……………………………………………… 50
連接棒 …………………………………………… 48

六角レンチ …………………………………… 147
ロボットアーム ………………………………… 70
ロボット元年 …………………………………… 16
ロボット工学 …………………………………… 2
ロボット三原則 ………………………………… 14
ロボティクス …………………………………… 2

✦ 著者略歴

✦ 石黒 浩（いしぐろ ひろし）

1986 年	山梨大学工学部計算機科学科卒業
1991 年	大阪大学大学院基礎工学研究科後期課程修了，工学博士（大阪大学）
	同年，山梨大学工学部情報工学科助手
1992 年	大阪大学基礎工学部システム工学科助手
1994 年	京都大学大学院工学研究科情報工学専攻助教授
1998 年	京都大学大学院情報学研究科社会情報学専攻助教授
2000 年	和歌山大学システム工学部情報通信システム学科助教授
2001 年	和歌山大学システム工学部情報通信システム学科教授
2002 年	大阪大学大学院工学研究科知能・機能創成工学専攻教授

1997 年 日本ロボット学会研究奨励賞，日本ロボット学会論文賞，2001 年，2004 年，2005 年の三度に渡り，国際電気通信基礎技術研究所（ATRI）創立記念日表彰，2004 年，2005 年，2006 年の三度に渡り，ロボカップ ヒューマノイドリーグで Team OSAKA のメンバとして Best Humanoid 賞，2004 年 大阪活力グランプリをそれぞれ受賞．人と関わるロボットの実現を目指して，センサネットワーク研究からアンドロイド研究に至るまで幅広く研究を展開．とくに，ATR で開発した Robovie や愛知万博で展示したアンドロイド Repliee は，世界的に有名．日本ロボット学会，人工知能学会，電子情報通信学会，IEEE，ACM などの会員．

✦ 浅田 稔（あさだ みのる）

1977 年	大阪大学基礎工学部制御工学科卒業
1982 年	大阪大学大学院基礎工学研究科後期課程修了，工学博士（大阪大学）
	同年，大阪大学基礎工学部助手
1989 年	大阪大学工学部助教授
1995 年	大阪大学工学部教授
1997 年	大阪大学大学院工学研究科知能・機能創成工学専攻教授
2019 年	大阪大学先導的学際研究機構共生知能システム研究センター特任教授

1989 年 情報処理学会研究賞，1992 年 IEEE/RSJ IROS '92 Best Paper Award，1996 年 日本ロボット学会論文賞，1998 年 人工知能学会研究奨励賞，1999 年 日本機械学会ロボティクス・メカトロニクス部門貢献賞，

2001 年 文部科学大臣賞・科学技術普及啓発功績者賞，日本機械学会ロボティクス・メカトロニクス部門賞：学術業績賞，2004 年 人工知能学会研究会優秀賞をそれぞれ受賞．

1990 年代初頭からロボカップの活動を開始し，1996 年秋，知能ロボットとシステムに関する国際会議で実行委員長をつとめる傍ら，プレロボカップ 96 を開催し，実機デモとシミュレーションリーグの試合を実施．その後，1997 年人工知能国際会議で第 1 回ロボカップ国際大会を開催，阪大チームを優勝に導く．2002 年福岡での第 6 回大会では，総括実行委員長をつとめ，世界 30 か国から約 200 チーム，1 000 人の競技参加者，12 万人の市民がロボカップを観戦した．日本ロボット学会（元理事），電子情報通信学会，情報処理学会，人工知能学会，日本機械学会（2003 年よりフェロー），計測自動制御学会，システム制御情報学会，日本赤ちゃん学会（理事），IEEE（2005 年よりフェロー）R&A，CS，AAAI，SMCsocieties などの会員．

✦ 大和 信夫（やまと のぶお）

1985 年	防衛大学校本科理工学部卒業
2000 年	全方位センサーやセンサネットワークの開発，製造を行うベンチャーとしてヴイストン株式会社を創業
2003 年	世界初となる量産型二足歩行ロボットの発売開始
2004 年	自律型ロボットサッカーの国際プロジェクト「ロボカップ世界大会」に大阪の産官学連合チーム「Team OSAKA」として出場，世界大会優勝（以後世界大会 5 連覇）
2005 年	創業・ベンチャー国民フォーラム「Japan Venture Award 起業家部門 奨励賞」受賞
2015 年	クラウド型コミュニケーションロボット「Sota（ソータ）」を開発，販売開始
2007 年	経済産業省「第 2 回ものづくり日本大賞 優秀賞」受賞　ものづくり名人
2015 年	経済産業省委託事業「IT ベンチャー支援プログラム EXIT」メンター　一般社団法人 i-RooBO Network Forum 顧問

ヴイストン株式会社において，ホビー用，研究用，教育用など多彩なロボットを開発．

累計 15 万体以上の出荷を記録した株式会社デアゴスティーニ・ジャパン「Robi（ロビ）」，株式会社村田製作所「チアリーディング部」，シャープ株式会社「RoBoHoN（ロボホン）」の開発に協力．

- 本書の内容に関する質問は，オーム社ホームページの「サポート」から，「お問合せ」の「書籍に関するお問合せ」をご参照いただくか，または書状にてオーム社編集局宛にお願いします．お受けできる質問は本書で紹介した内容に限らせていただきます．なお，電話での質問にはお答えできませんので，あらかじめご了承ください．
- 万一，落丁・乱丁の場合は，送料当社負担でお取替えいたします．当社販売課宛にお送りください．
- 本書の一部の複写複製を希望される場合は，本書扉裏を参照してください．

JCOPY ＜出版者著作権管理機構 委託出版物＞

はじめてのロボット工学（第2版）
―製作を通じて学ぶ基礎と応用―

2007年 1月20日　第1版第1刷発行
2019年 3月15日　第2版第1刷発行
2024年 5月10日　第2版第5刷発行

著　者　石黒　浩・浅田　稔・大和信夫
発行者　村上和夫
発行所　株式会社 オーム社
　　　　郵便番号　101-8460
　　　　東京都千代田区神田錦町 3-1
　　　　電話　03(3233)0641(代表)
　　　　URL　https://www.ohmsha.co.jp/

© 石黒　浩・浅田　稔・大和信夫 2019

印刷・製本　三美印刷
ISBN978-4-274-22340-2　Printed in Japan

オーム社の マンガでわかる シリーズ

! 楽しいマンガと
わかりやすい解説でマスター

!! 今後も続々、新刊発売予定！

がんばろう！日本
Never give up, Japan

イラスト：井上いろは／トレンド・プロ

【オーム社の マンガでわかる シリーズとは？】

- 興味はあるけど何から学べばよいのだろう？
- 学生の時、苦手でした。
- 知っているけど、うまく説明できない。
- 計算や概念が難しい…
- かといって今さら人に聞くのは恥ずかしい…
- 仕事で統計学を使うことに。…えっ、数学いるの！？

…というイメージを持たれがちな、理系科目。本シリーズは、マンガを読み進めることで基本をつかみ、随所に掲載された問題を解きながら理解を深めることができるものです。公式や演習問題ありきの参考書とは違い、**「いまさら聞けない基本項目から無理なく楽しんで学べる」**のがポイント！

理学

マンガでわかる 統計学

統計の基礎から独立性の検定まで、マンガで理解！統計の基礎である平均、分散、標準偏差や正規分布、検定などを押さえたうえで、アンケート分析に必要な手法の独立性の検定ができることを目標とします。

マンガで統計学をわかりやすく解説！

●主要目次●
プロローグ　トキメキ統計学
第1章　データの種類をたしかめよう！
第2章　データ全体の雰囲気をつかもう！数量データ編
第3章　データ全体の雰囲気をつかもう！カテゴリーデータ編
第4章　基準値と偏差値
第5章　確率を求めよう！
第6章　2変数の関連を調べよう！
第7章　独立性の検定をマスターしよう！
付録　Excelで計算してみよう！

こんな方におすすめ！
・統計の教科書がとにかく難しいと感じる人
・アンケート分析の基本を知りたい人

好評発売中！

高橋 信 著／トレンド・プロ マンガ制作
B5変判／224頁
定価　2,000円＋税
ISBN 978-4-274-06570-7

もっと詳しい情報をお届けできます。
◎書店に商品がない場合または直接ご注文の場合も右記宛にご連絡ください。

ホームページ　https://www.ohmsha.co.jp/
TEL／FAX　TEL.03-3233-0643　FAX.03-3233-3440

（定価は変更される場合があります）

ISBN 978-4-274-06735-8 機械・建築	ISBN 978-4-274-06617-7 理学	ISBN 978-4-274-22244-3 情報
マンガでわかる シーケンス制御 藤瀧 和弘 著 高山 ヤマ 作画 トレンド・プロ 制作 B5変判／210頁 定価　2,000円+税 シーケンス制御の基礎がマンガでばっちりわかる！機械を制御していく仕組みを理解できます。	**マンガでわかる フーリエ解析** 渋谷 道雄 著 晴瀬 ひろき 作画 トレンド・プロ 制作 B5変判／256頁 定価　2,400円+税 身近な具体例でフーリエ解析のイメージがつかめる！微分や積分、三角関数から解説しています。	**マンガでわかる 機械学習** 荒木 雅弘 著 渡 まかな 作画 ウェルテ 制作 B5変判／216頁 定価　2,200円+税 物語を楽しみながら機械学習を一通り学べる！回帰・識別・評価・教師なし学習を解説します。

ISBN 978-4-274-06786-0 理学	ISBN 978-4-274-06741-9 理学	ISBN 978-4-274-22135-4 理学
マンガでわかる 微分方程式 佐藤 実 著 あづま 笙子 作画 トレンド・プロ 制作 B5変判／240頁 定価　2,200円+税 微分方程式の考え方を身近な出来事に例えながら丁寧に解説！数学の苦手な人も理解できる一冊です。	**マンガでわかる 線形代数** 高橋 信 著 井上 いろは 作画 トレンド・プロ 制作 B5変判／272頁 定価　2,000円+税 線形代数を理解できる！行列やベクトル、線形空間や線形写像、固有値、固有ベクトルも解説します。	**マンガでわかる ベイズ統計学** 高橋 信 著 上地 優歩 作画 ウェルテ 制作 B5変判／256頁 定価　2,200円+税 ビッグデータ、機械学習で注目されているベイズ統計学がわかる！基礎だけでなく実際の利用例まで解説します。

ISBN 978-4-274-21820-0 理学	ISBN 978-4-274-06665-7 理学	ISBN 978-4-274-05010-7 機械・建築
マンガでわかる 物理 [光・音・波編] 新田 英雄 著 深森 あき 作画 トレンド・プロ 制作 B5変判／240頁 定価　2,000円+税 『マンガでわかる物理　力学編』の続編、光・音・波編登場！現象を理解する面白さを学習できます。	**マンガでわかる 物　理 [力学編]** 新田 英雄 著 高津 ケイタ 作画 トレンド・プロ 制作 B5変判／234頁 定価　2,000円+税 マンガで物理をわかりやすく解説！身近な物理現象を例に、力学の基礎を楽しく学習できる一冊です。	**マンガでわかる モーター** 森本 雅之 著 嶋津 蓮 作画 トレンド・プロ 制作 B5変判／200頁 定価　2,000円+税 電気機器を駆動させるモーターの原理から制御まで、マンガでわかる一冊！

ISBN 978-4-274-06777-8 電気・電子	ISBN 978-4-274-06795-2 電気・電子	ISBN 978-4-274-06958-1 電気・電子
マンガでわかる 電子回路 田中 賢一 著 高山 ヤマ 作画 トレンド・プロ 制作 B5変判／186頁 定価　2,000円+税 電子回路の基礎がわかる！重要な公式についても、マンガでわかりやすく解説します。	**マンガでわかる 電気回路** 飯田 芳一 著 山田 ガレキ 作画 パルスクリエイティブハウス 制作 B5変判／240頁 定価　2,000円+税 電気回路の基本をマンガで学ぼう！基本となる用語の解説から、回路の仕組みや理論を学べます。	**マンガでわかる ディジタル回路** 天野 英晴 著 目黒 広治 作画 オフィスsawa 制作 B5変判／224頁 定価　2,000円+税 半導体技術に必要なディジタル回路の基本がわかる！設計まで解説している実践的な内容です。

ISBN 978-4-274-06849-2 電気・電子	ISBN 978-4-274-06803-4 電気・電子	ISBN 978-4-274-05061-9 情報
 **マンガでわかる 電磁気学** 遠藤 雅守 著 真西 まり 作画 トレンド・プロ 制作 B5変判／264頁 定価　2,200円+税 身近な現象を題材に、難解な電磁気学をわかりやすく解説！付録ではベクトル、スカラの概念を掲載。	 **マンガでわかる 半導体** 渋谷 道雄 著 高山 ヤマ 作画 トレンド・プロ 制作 B5変判／200頁 定価　2,000円+税 半導体の基礎が理解できる！物性の本質からひもとき、技術に必要な項目をマンガで解説します。	**マンガでわかる CPU** 渋谷 道雄 著 十凪 高志 作画 オフィスsawa 制作 B5変判／260頁 定価　2,000円+税 CPUの仕組みをしっかり理解できる！様々な機器への応用例も取り上げ、わかりやすく解説。

もっと詳しい情報をお届けできます．
◎書店に商品がない場合または直接ご注文の場合も右記宛にご連絡ください．

ホームページ　https://www.ohmsha.co.jp/
TEL／FAX　TEL.03-3233-0643　FAX.03-3233-3440

（定価は変更される場合があります）

F-1903-257-2

好評関連書籍

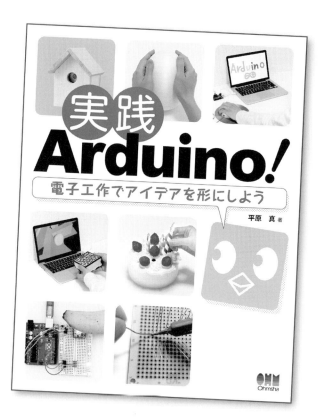

実践Arduino!
電子工作でアイデアを形にしよう

平原 真［著］
B5変判／288ページ／定価(本体2,500円【税別】)

Arduinoでものづくりをはじめよう！

　本書は、プロのデザイナーである著者がArduino（アルデュイーノ）と呼ばれるマイコンボードを使って、電子工作の基礎から実際の作品をつくるまでを解説し、なにかをつくれる段階を越えて、実際に作品をつくるところまであなたを導きます。電子工作をはじめてみたい方、なにか楽しいモノをつくってみたいけど何からはじめてよいかわからない方にオススメの一冊です。

《著者によるサポートページ》
http://makotohirahara.com/jissenarduino/

かんたん！USBで動かす電子工作

小松 博史［著］
A5判／232ページ
定価(本体2,000円【税別】)

はじめての電子工作でも大丈夫！
USB-IO2.0を使ってかんたん電子制御！

アクリルロボット工作ガイド

三井 康亘［著］
B5判／160ページ／定価(本体2,000円【税別】)

アクリルロボット復刻！
工作のアイデアが満載の一冊！

もっと詳しい情報をお届けできます。
◎書店に商品がない場合または直接ご注文の場合は右記宛にご連絡ください。

ホームページ https://www.ohmsha.co.jp/
TEL／FAX TEL.03-3233-0643　FAX.03-3233-3440

(定価は変更される場合があります)